87

新知
文库

XINZHI

Are You Really Going
to Eat That ? :
Reflections of a Culinary
Thrill Seeker

U0241448

吃的大冒险

烹饪猎人笔记

［美］罗布·沃尔什 著　薛绚 译

生活·讀書·新知 三联书店

图书在版编目（CIP）数据

吃的大冒险：烹饪猎人笔记／[美] 罗布·沃尔什（Robb Walsh）著；
薛绚译. —北京：生活·读书·新知三联书店，2018.2
（新知文库）
ISBN 978 – 7 – 108 – 06140 – 9

Ⅰ. ①吃…　Ⅱ. ①罗…②薛…　Ⅲ. ①饮食－文化－世界
Ⅳ. ① TS971.201

中国版本图书馆 CIP 数据核字（2017）第 288030 号

责任编辑　刘蓉林　曹明明
装帧设计　陆智昌　康　健
责任校对　龚黔兰
责任印制　徐　方
出版发行　**生活·讀書·新知** 三联书店
　　　　　（北京市东城区美术馆东街 22 号 100010）
网　　址　www.sdxjpc.com
图　　字　01-2017-6689
经　　销　新华书店
印　　刷　北京隆昌伟业印刷有限公司
版　　次　2018 年 2 月北京第 1 版
　　　　　2018 年 2 月北京第 1 次印刷
开　　本　635 毫米 × 965 毫米　1/16　印张 15
字　　数　167 千字
印　　数　0,001 – 8,000 册
定　　价　34.00 元
（印装查询：01064002715；邮购查询：01084010542）

新知文库

出版说明

在今天三联书店的前身——生活书店、读书出版社和新知书店的出版史上，介绍新知识和新观念的图书曾占有很大比重。熟悉三联的读者也都会记得，20 世纪 80 年代后期，我们曾以"新知文库"的名义，出版过一批译介西方现代人文社会科学知识的图书。今年是生活·读书·新知三联书店恢复独立建制 20 周年，我们再次推出"新知文库"，正是为了接续这一传统。

近半个世纪以来，无论在自然科学方面，还是在人文社会科学方面，知识都在以前所未有的速度更新。涉及自然环境、社会文化等领域的新发现、新探索和新成果层出不穷，并以同样前所未有的深度和广度影响人类的社会和生活。了解这种知识成果的内容，思考其与我们生活的关系，固然是明了社会变迁趋势的必需，但更为重要的，乃是通过知识演进的背景和过程，领悟和体会隐藏其中的理性精神和科学规律。

"新知文库"拟选编一些介绍人文社会科学和自然科学新知识及其如何被发现和传播的图书，陆续出版。希望读者能在愉悦的阅读中获取新知，开阔视野，启迪思维，激发好奇心和想象力。

生活·讀書·新知三联书店
2006 年 3 月

目　录

自 序

我吃东西向来不挑嘴，不过我承认自己还是有偏好的。例如，我觉得墨西哥瓦哈卡（Oaxaca）的烤蚱蜢就比盐腌的毛虫好吃（腌毛虫的味道颇似晒干的西红柿）。蚂蚁的味道苦苦的，可是蚁卵汤却很鲜美。还有，蒸鱼配上一种用曼答甲虫制的老挝酱，令我永生难忘，那雄甲虫的麝腺产生的香味像极了蓝霉乳酪。

读者放心，本书不会讲到吃虫子。多年下来，我倒觉得这个题目并不是多有趣。但是，早在 20 世纪 90 年代初，是虫子等奇特食材引我一头栽入直至现在仍未停止的一件事：借着吃来探索这个世界——文化、历史、感情。

美国国家公共广播台（NPR）的利亚纳·汉森（Liane Hansen）曾经说我是"美食写作界的印第安纳·琼斯"，我也要努力做到不浪得虚名。所以，读者会在书中看到我实地所做的食品及文化报道，而地点则出人意表——包括了泰国的一处榴梿农庄、智利外海的一艘渔船以及美国得克萨斯州达灵顿的州立监狱。

我从来都是借食物体验事情。我外祖母出生于斯洛伐克和波兰之间的喀尔巴阡山脉（Carpathian Mountains）地区。她的英语说得不错，但是挥洒糕点可比说起英语来得自在。她是慈爱的人，还要借烹饪表露这份慈爱。以前她来我们家做客的时候，我们给她预备一包25磅（11.5公斤）的面粉，她就把整个探亲假期耗在厨房里。我一放学回家就闻到阵阵东欧菜香。当晚晚餐就可吃到一块厚厚的"帕嘎奇"，即泡菜火腿馅的烤饼，另外还有刚出炉的甜味罂粟籽馅的酥皮卷当作饭后甜点。外婆从不和我们提她的故乡，我却觉得我们兄弟六个和那个老家亲近极了。

我母亲遗传了外婆表达亲情的手艺，也继承了外婆的全套东欧私房食谱。但是，我母亲是受美国同化的第二代移民，她并未受斯拉夫风味局限。她会剪下杂志上的美食新点子照着做，也会实验从小区左邻右舍打听来的家常菜单。鲔鱼锅面、美式蘑菇奶油汤以及葡萄酒烧牛肉、鸡肉扁豆糕、馕料猪肉等创意欧式美食，都是我们家餐桌上常有的（不过不及泡菜出现的频率高）。

我父亲从朝鲜战争中退伍时，我才2岁。他一退伍马上就投入餐饮业。在我成长的年代里，他一直在通用食品公司（General Foods Corporation）的餐馆和学校业务部工作，外食乃是他职务的一部分。如果他出差的时候带着我，我就跟着他到处下馆子。他本籍爱尔兰，家乡菜不外乎大块肉与马铃薯，但是他以多年与主厨共事所得的美食知识感到自豪。大约是我要进大学的那个时候，他顺理成章调入加洛兄弟（Gallo Brothers）酿酒厂工作。这家公司虽然不以高档酒品闻名于世，我父亲的职位却要求他恶补了一番葡萄栽培法和酿酒学的课程。每当我们父子对饮之时，他的品酒经总是滔滔不绝。

我从十几岁的时候就开始下厨了。因为我是大哥，爸妈离家度周末的时候我就得扛起打理弟弟们晚餐的责任。这件事我做得兴趣盎然，不久就找出家里仅有的一本食谱来参考，并且试做自己发明的菜式。

吃的大冒险

我父亲嗜好打猎，冰箱冷库里经常有他猎来的鹿肉、雉鸡肉等野味。我母亲却不爱调理这些山珍野禽，所以就任它们冻在那儿，等到年度清仓的时候再把它们扔掉。后来我得知，野味是美食家最爱的珍馐，便征求母亲同意让我拿它们当烹饪食材。16岁那年我就试做了用菰米和野菇为填料的烤雉鸡（那天晚上我的弟弟们却叫了比萨外卖）。

那一阵子，每年秋季都有一个周末是我跟着父亲到缅因州的帕卡德狩猎营（Packard's Hunting Camp）去猎鹿度过的。有一年在营中吃到了帕卡德太太的鹿肉糜馅饼，我就决定回家自己做做看。母亲食谱里的甜肉糜馅饼做法繁复，要用许多苹果和苹果酒。

那时候我刚考到驾照不久。我们家住在康涅狄格州，境内到处是苹果园和苹果酒作坊。新英格兰区各州的果农们谈起苹果种类、吃法、哪一家的苹果酒质量较佳，可以争上几个钟头。

这些评论我听得津津有味，所以光是采办肉糜饼的材料就花了将近一个月的时间，因为我开着母亲的旅行汽车跑遍了康州，到处试吃试喝，随时和苹果农聊天。这一趟苹果之旅比我后来做成功的肉糜馅饼可精彩多了。

我做的肉糜馅味道不赖，但是比大多数人吃惯的瓶装甜肉馅口味油腻多了。一般人连切下来一片的量都吃不完，更遑论在感恩节大餐或圣诞大餐之后当甜品吃。我调制了好几加仑的肉馅，结果只用了三只大饼的馅量，其余都进了冷库。以后我再没做过甜肉糜饼，但是一直未改到处找农民聊天试吃的习惯。

我在得克萨斯州奥斯汀上大学期间，骑着摩托跑遍了那里风味特殊的餐馆、烧烤店、鲶鱼现捞现吃摊、墨西哥小吃摊。后来我休学跑到丹麦，骑着另一辆摩托车在丹麦的大陆区到处跑，寻找最典型的丹麦乡村小店佳肴。我交了几个丹麦女友，学会了用丹麦语品评黑麦面包、鲱鱼、丹麦火腿、丹麦乳酪。两年后，我重回学校，在得州大学修了一个"斯堪的纳维亚研究"的学士学位。

我是我父母两系亲族之中第一个念完大学的。当时我想以写作为业，家里人都认为这是胡闹。结果我刚出校门就进了一家广告公司，担任文字撰稿工作。几年后，我在康州哈特福德开起自己的一家小公司。那时与我共枕的女友是一位很漂亮的餐饮业人士，她的另一位共枕男友是外烩厨师戴维·格拉斯（David Glass）。某日，她因为把什么东西忘在格拉斯家里了，就拉着我一起去找。当时格拉斯不在家，他的厨房里却有几大锅小牛肉高汤，整个屋子里弥漫着巧克力的味道。

我和这位女友的交情不长，格拉斯亦然。但是我对格拉斯的厨房却念念不忘。和女友分手后，一次假日，我请格拉斯来为几位客户外烩晚餐。我们共拟菜单的期间，他教我学会从不一样的观点来思考饮食。

格拉斯那时候刚从巴黎学艺归国，他师承的是名餐馆阿谢特拉德（Archestrate）的主厨阿兰·桑德朗（Alain Senderens），也就是"新烹饪"（nouvelle cuisine）的大狂人。不过，1980年我熟识的朋友之中还没有人听过"新烹饪"这个名词。

那一次晚餐，从第一道菜——龙虾肉色拉加芒果泥配上雷蒙夏多奈白酒（Raymond Chardonnay）起，格拉斯就令我与诸客户心悦诚服了。饭后，我缠着格拉斯要他再教我几招。他让我去买一本戴维·莱德曼（David Leiderman）写的食谱《在美国做新烹饪》（*Cooking the Nouvelle Cuisine in America*）来看。书中的食谱很有意思，但真正吸引我的是前面的序言。莱德曼概括了刚萌芽的这一派想法：采用时令土产食材，回归地方风味的淳朴……这些要领现在大家已经听得太多，都嫌烦了，可在那时候却是一鸣惊人的。

1981 年，我把自己的广告公司迁到加州拉斐特的一处山坡华宅，戴维·格拉斯也成为那儿的常客。加州东湾（East Bay）乃是新兴美式烹饪的摇篮，我也和许多北加州人一样，变成一个追逐美食的人。我和新婚的妻子，每逢周末就开着车到处跑，游遍加州的农庄和渔人码头。我车中随时带着一只铸铁的长柄小锅、一把菜刀，以便走到哪儿就烹饪到哪儿。那时我心目中的美味大餐就是一瓶好酒、一个老面发酵的大面包，加上一些从海边岩石缝现抓的淡菜。

1985 年，我和妻子搬回奥斯汀，生了第一个孩子。当时的得州似乎没人知道马克·米勒（Mark Miller）正在加州掀起一股西南部烹饪新风潮，我觉得我该告诉得州老乡这件事。我写了一些专题，分送到每一家我认为有可能刊登的报章杂志，结果都是石沉大海。

过了几年，我的一篇稿子里的几段文字在《奥斯汀纪事报》（Austin Chronicle）上出现了。我打电话给这家另类周刊的主编路易斯·布莱克（Louis Black），问他付我多少稿费。他说会寄 10 美元给我，又说该报需要短篇的餐馆试吃评论。我三言两语就和他谈妥了稿约，心里高兴极了。

我的餐饮写作生涯就这么开始了，大概每写一篇得到稿费 20 美元。后来，篇幅越写越长，而且内容包罗也广了。没过多久，我就只写饮食，而完全不提餐馆了。

我常写的一个题目是辣椒，包括如何栽种、如何食用、如何用来烹饪，以及如何辨认不同的种类。我谈到辣椒的精神药物效用，引用了安德鲁·韦尔（Andrew Weil）说的话——他那时还不是自然健康论的权威，他曾把吃辣椒后的兴奋状态与吸食大麻和可卡因之后的反应相提并论。我不久便被人称为"辣椒狂一族"的作家。

为了要找奥斯汀作家琼·安德鲁斯（Jean Andrews）在《胡椒：驯化的椒类植物》（Peppers: The Domesticated Capsicums）之中所说的全

世界最辣的辣椒，我跑到墨西哥的瓦哈卡去。为了要找不为人知的萨尔萨（Salsas）辣酱汁，我跑到加勒比海地区去。1991 年，我创办了"奥斯汀纪事报辣酱节"（Austin Chronicle Hot Sauce Festival），至今仍是全美国最大规模的辣酱比赛之一。我算是找到了人生的定位。

品尝辣椒和追寻相关的刺激慢慢延续到其他类型的历险。因为寻找失传的辣椒品种，导致我去研究墨西哥谜样的文化，进而产生对中美洲历史的浓厚兴趣。我变成了烹调探险家，努力追查古代萨巴特克人、玛雅人、阿兹特克人失传了的食谱。我会把整个假期耗在中美洲古代废墟里，拿着破陶片和古代烹饪器皿请教考古学家。

后来，我开始帮美国航空公司（American Airlines）的机上刊物《美国风》（American Way）撰稿。因为经常要远行到拉丁美洲、法国、加勒比海，我与妻子和老板的关系都大打折扣。1994 年，我被广告公司解聘，妻子也提出离婚诉讼。在孤家寡人的处境下，我决定做个全职的自由撰稿人。

这是我一直向往的职业：飞行于世界各地，以有趣的饮食为题写作。我的旅行开销大部分由《美国风》和《自然史》（Natural History）负担。工作虽然得意，收入却不怎么高。做了五年，到1999 年，我穷到一文不名。所以，当《辣椒杂志》（Chile Pepper Magazine）主编的职位可坐时，我不得不欣然接受。我周游列国的日子于是告终。

本书收集的 40 篇文章是我自己的中意之选，另外附有 20 则食谱。头两章"馋人大追踪"和"他吃的那个我也要"，是我周游世界寻找饮食刺激的五年中写的。我在这些早期的文章中发现，怪异的食品本身未必有趣味，必得有趣的人吃了它，或是某人为了有趣的原因吃了它，它才有趣。

写作历练渐渐多了，我又发现，不一定非得到鸟不生蛋的地方才会遇见有趣的人。"乡土原味"和"欧洲人的怪癖"这两章,记录我在美国南方和欧洲边走边吃的历程——努力想做到吃多少就理解多少。

我现在会怀念那些到处旅行的日子,居无定所也教我学会享受安居一处的乐趣。在"市郊的印第安纳·琼斯"这一章里,我收集了一些近期给《休斯敦周报》(*Houston Press*)写的文章。也许是我年纪大了,近来发觉自己老家的市场和餐馆几乎和我在外国所见的一样有异国风味。拜各国移民集中之赐,我不必走遍世界就能和柬埔寨农人、越南捕虾者、非洲籍厨师以及墨西哥每个省份的人畅谈了。遇见我从未听过的香药草或是我从未吃过的蔬菜,总是令人兴奋的,在自家后院就能看见这些东西则更让人兴奋。

所以最后一章的标题是"斯人而有斯食也"。风味奇特的吃食虽然依旧令我着迷,我却也从经验中学到,最简朴的食物能挑动最深的体验。我可以老老实实地说,是与鬼灵共享面包的那一天使我改变了。那个故事和最后一章里的其他各篇,叙述的是我最私人的饮食经验。这些记述把我的吃之旅带回原点。旅程开始是为了品尝怪异的东西,之后慢慢转变成探讨各种文化如何在食物中体现,那也让我对自己有了更深的认识。

本书所收集的这些文章,是为了说明这个少见的行业,以及用以理解一个人怎会变成满脑子只想着吃的东西。我和弟弟们(他们的情况比我好不了多少)相聚时,这是个热门话题。

这也许多少和我外婆与我母亲投注在每一顿饭中的那股原始的爱有关系。她们把不能言传的情意都放进烹饪里了。如今我吃每一顿饭时都试着去彻底领会那些情和意。

还有一点是我确知的:每当情感澎湃的时刻,我就特别想吃泡菜。

第一章
馋人大追踪

搜猎辣酱

这栋小房子看来像是就要从悬崖上滑下，掉进下头的香蕉树丛和香料药草园圃里似的。我敲了门，迎接我的是收音机里传出的雷鬼音乐（reggae，一种牙买加流行音乐），同时还有几个大嗓门的讲话声音。"请进，"有一个人终于压过这些喧嚷对我说，"门没关！"

屋内的几位女士围坐在厨房的一张桌子旁，正在笑着清理香药草。从她们身后的窗子望出去，是特立尼达（Trinidad）的帕拉敏丘陵（Paramin Hills）上覆满陡坡的一片片绿园圃。屋内沿着墙边堆着的，是我千里跋涉来寻找的宝贝：一箱箱"正宗帕拉敏辣椒酱"。

希拉里·布瓦松（Hillary Boisson）是这个"帕拉敏妇女团"的非正式领导人。她打量着我穿的 T 恤，想要弄明白这么一个晒伤了的大个子美国人跑到她们姊妹淘的厨房来干什么。我的 T 恤上印着"奥斯汀第四届年度辣酱比赛"，我就是因为担任这个比赛的主审，才有了与加勒比海风味辣酱的第一次邂逅。几年来，这个比赛已经跻身全世界同类比赛规模最大之列，每年都有300多种辣酱参赛。

过去几年，加勒比海式辣酱一直出尽风头。它们不像墨西哥式辣酱是用哈拉佩诺辣椒（jalapeño）、西红柿、洋葱、大蒜等调制，而是用苏格兰帽椒、木瓜、芒果、菠萝的各式不同组合，加上现采的香药草、姜、多香果（allspice）、芥末之类调味，可口至极。

当我爱上加勒比海式辣酱，就开始去超级市场里搜寻，结果发现样式并不多。最有异国风味的几种，例如"龙吐气"（Dragon's Breath）、"天启辣酱"（Apoca Cyptic Hot Sauce）、"巫毒大辣"（Voodoo Jerk Slather），都是产量少的，要通过辣椒迷的圈内刊物《辣椒杂志》和《愈辣愈妙》（*Mo Hotta Mo Betta*）的邮购目录来买。

我辈之中最抢手的加勒比海辣酱，却都是产量微乎其微的。所以我打定了主意，既然那些辣酱不能送上门来，我就亲自出马去找。我踏上加勒比海逐岛搜猎已有三个星期了，为了找这一处蔬果调味辣酱小工厂，我搭了气喘吁吁的卡车爬上这近乎垂直的陡坡地，一路上全是吓人的急转弯。这些惊险却是值得的。

"帕拉敏妇女团的集会已经有26年历史了，"团员之一的韦罗妮卡·罗马尼（Veronica Romany）对我说，"我们以前一起做手工艺品：编篮子、打钩针什么的。因为我们种出来的香药草和辣椒是全帕拉敏最好的，所以这几年我们都在做辣椒酱。"

我当场买了一瓶正宗帕拉敏辣椒酱，并且立刻打开，用小指头蘸起一点来尝味道，妇女团的人为之大乐。这个辣酱有别于其他瓶装辣酱的味道，但是我尝不出是用什么辛香药草调成的。

"是幽灵本尼啦。"韦罗妮卡笑道。

"幽灵本尼？"我听得呆住了。

"看，就是这个。"她带我走到一个装着深绿色药草的桶前。我低头往桶里一嗅，那气味烈得像是迎面打来一巴掌。

幽灵本尼原来就是在拉丁美洲被称为"库蓝特罗"（Culantro）的一种芫荽，在美国难得看见，气味比一般的芫荽浓。因为味冠群伦，特立尼达菜系之中口味重的菜式都要用它来提味。而特立尼达"大力椒"（congo pepper）的剧烈辣味配上幽灵本尼更是相得益彰。

大力椒和特立尼达产的另外两种辣椒——苏格兰帽椒（Scotch bonnet pepper）与哈瓦那椒（Habanero），是同一个种属（学名是 *Capsicum chinense*），三种都是全世界最辣的辣椒。但是，虽然辣得人喉咙冒烟，却也是最可口的。这三种辣椒有水果的香醇，制作成辣酱带着杏、桃、香橼的味道，所以世人趋之若鹜。

我问帕拉敏妇女团能不能把她们做的辣椒出口美国。她们说从来没这么做过，搞不大清楚需要什么手续。我环顾一下那间厨房便了解，只要一家超市的订单，就能把全世界的正宗帕拉敏辣椒酱消耗得一干二净。

想买正宗帕拉敏的人，只能到辣酱行家的冰箱里去找。

我希望我的冰箱里除了正宗帕拉敏之外，还有"维京火辣"（Virgin Fire）出品的非主流经典之作。"维京火辣"的老板鲍勃·肯尼迪（Bob Kennedy）推出的辣酱系列有种名叫"菠萝烫"（Pineapple Sizzle）的浓香甜味辣酱和名叫"龙吐气"的岩浆似的超辣辣酱。这些秘方的调配制作地点是在美属维京群岛之中的圣约翰岛（St. John）。

肯尼迪带我去参观他的辣椒农场，我们坐着他的吉普车跑在颠簸的泥土路上，顺便游览岛上风光。他告诉我，圣约翰岛三分之二的面积是国家公园，其余三分之一住着以怪胎自许的人物。肯尼迪在途中一处海滩停下车，指着一辆停放的吉普车，叫我看车后的标语贴纸：圣约翰岛美属维京，岛上人人缺一根筋。

肯尼迪住的复式房子摇摇欲坠立于山坡顶，从那儿可以鸟瞰圣约翰岛和隔海相望的托尔托拉岛（Tortola）。他就在这儿的厨房里制作"维京火辣"的各式产品，一次做 30 加仑（1 美制加仑约为 3.785 升）的量。经不起我要求，他交出一瓶越来越不容易买到手的"菠萝烫"。

"今年的干旱把我们害惨了，"他怨道，"水不够用，到了必须用水车从圣托马斯岛（St.Thomas）运水过来的地步。"在缺水的维京群岛制作辣椒酱是很辛苦的。肯尼迪的园圃是一片伤心景象，雨水不足已经导致供应原料的辣椒树和果树枯死。若用水车运水灌溉，成本又太高。

肯尼迪哀怨地说："我们供应不了订货量，所以只好从《愈辣愈妙》的邮购目录撤出来了。"尽管不想离开圣约翰岛，但是他已经决定结束这儿的事业，到波多黎各重起炉灶，因为那儿有源源不断的辣椒原料，还有一家装瓶工厂。他预测自己很快就能对所有的"菠萝烫"与"龙吐气"的爱好者有求必应了。在一湾之隔的圣托马斯岛上，理查德·雷埃（Richard Reiher）的"维京群岛药草辣椒公司"也遭遇同样的困境。不过雷埃有办法搜刮到够用的辣椒量。

人口比圣约翰岛略多的圣托马斯岛上有风景优美的"法国城"，在这儿最老资格的酒吧"诺曼底吧"里，雷埃与我同享冰啤酒时，递给我一瓶他销路最旺的产品"天启辣酱"。我正要开盖子试吃，就被他制止了。他说，天启辣酱是辣到发疯的东西，是纯辣椒加醋的烹饪圣品，不宜直接蘸了往嘴里送。不过他有另两种产品极宜直接蘸来吃，一是辣得过瘾的"辣味姜酱"，另一个是味道近似特辣级印度咖喱的"咖喱蒜辣酱"。这两种也是可遇而不可求的，所以我欣然各取几瓶塞进衣裤口袋里。

雷埃除药草辣椒公司以外，在圣托马斯岛上还有两个专制辣酱的小作坊——"热浪"（Heat Wave）和"威利大叔之家"（Uncle Willie's）。顾客是每天都在夏洛特阿马利亚（Charlotte Amalie）靠港的游船观光客，销路相当稳定。

不过，按雷埃所言，真正上好的辣椒酱不在圣托马斯岛。"供水最足的几个岛出产的辣椒最好。上好的在海地、特立尼达、牙买加和多米尼加。"

有人说，假如哥伦布重游西印度群岛诸地，他能认出来的地方只剩多米尼加，其他地方全都变了。多米尼加是小安的列斯群岛（Lesser Antilles）之一，位于法语系的瓜德罗普（Guadeloupe）和小马提尼克（Martinique）二岛之间，因景观未遭破坏而享有自然之岛的美名，但常有人把它与海地的邻邦——多米尼加共和国搞混了。

在多米尼加是看不到观光客的。外地来游玩的人非常少，其中那些热爱大自然的背包族几乎全会一抵达多米尼加就消失在大片无人开发过的雨林之中。岛上的365条河形成许多壮观的瀑布，有些还是在最近的飓风把浓密的树林刮倒之后才被人发现的。

按理查德·雷埃所说，这些丰沛的水源使多米尼加非常适于种植作物，而辣椒正是岛上的主要农产品之一。这儿特产的一种辣椒叫作"屁门·棒打·马·杰克"（piment bonda ma jack，土语的意思是有关杰克先生尊臀的粗俗笑话）。这名称不雅的辣椒，长相和味道都很像特立尼达的大力椒。

自1944年起，设在康福堡小村（Castle Comfort）里的贝罗氏公司（Parry W. Bello & Co. Ltd.）就开始收购多米尼加岛的大部分辣椒，并且制成加勒比海最畅销的辣椒酱品牌之一。整个加勒比海地区，几乎每个岛上都能买到"贝氏特级辣椒酱"——用子弹形状的瓶子装的橙色酸辣酱，味道有些像"塔巴斯科"辣酱（Tabasco），只是多了些水果醇味。

贝氏辣酱更接近批量生产的商品的口味，略逊于我自己偏好的一类。所以我路过贝氏工厂去参观时，没抱太高的期望。贝氏公司少东家迈克尔·费根（Michael Fagan）却为我导览了厂内奇大无比的辣椒碾轧作业过程，采买主任贾斯汀·阿多尼斯（Justin Adonis）又带我看了最近收购的一批辣椒。费根肤色略黑，鼻梁特挺，看来像有印第安人血统，其实他是土生土长的纽约人，最近才回到多米尼加负责公司业务。

我和他对坐时品尝了贝氏的另一种辣酱，对贝氏产品的印象也有了180度的转变。贝氏因为和一家叫作"恩可"（Enco）的英国食品营销公司合作，成功开发一种美味的、浓稠的、有厚实感的、辣到极点的辣酱，原料包括辣椒、木瓜、洋葱、醋，以及其他香料，品牌叫"西印度辣椒酱"，目前居英国辣酱畅销榜榜首。

美国人很幸运，因为贝氏也用自己的招牌在美国营销这种辣酱，名称改为简明的"贝氏辣椒酱"。一经《愈辣愈妙》推介，这种浓稠、香醇、自然变陈、令人扁桃腺灼热的辣酱，已经在辣椒迷之中流传开来。

贝氏的研发实验室里，品管主任艾伦·菲利普（Allan Phillip）展示了一瓶刚研发成功的姜黄根与芥末配方的深黄色辣酱。费根希望以后能把它和别的辣酱产品都推入美国市场。贝氏公司不像一般小公司只能应付邮购几瓶的需求，他们能轻而易举一下子就运一整货柜的辣酱到你家门口。

不过他们在美国市场上遭遇到了一点竞争压力，对手竟然是一家炸鸡连锁店。特立尼达的皇家堡（Royal Castle）连锁店是以炸鸡闻名的，他们用来腌鸡肉的"特立尼达哈瓦那辣椒酱"名气却更大。

这种辣酱目前在美国的35个州均有出售，而且是好莱坞星球（Planet Hollywood）连锁餐馆的桌上调味料。（特立尼达并不通用"哈瓦那椒"这个西班牙名称，美国人却听惯了这个名字，所以许多辣酱业者用它泛指苏格兰帽椒、大力椒等同一种属的辣椒。）皇家堡的老板是在美国出生的玛丽·裴门特（Marie Permenter），她深知美国有那么一股压抑着的异国辣酱需求。既然现有辣酱成品，她决定一试出口生意。

有着美国口音和娴雅仪态的裴门特，不太像一位辣酱大亨。她的"特立尼达哈瓦那"（用大力椒和一些特立尼达特有的香药草配制成的绿色辣味作料）的订单却在逐月增长中。如今，辣椒和香药草等原料直接运到佛罗里达州的一家加工厂，再加入洋葱、大蒜、姜等配料，然后装瓶。"特立尼达哈瓦那"不像许多辣酱只知一味猛辣，而是能借新鲜药草香料把辛辣平衡得恰到好处。虽然是批量生产，仍能保持手工自制的风味。

皇家堡老板的香药草货源和她邻居的帕拉敏妇女团一样，来自一群在帕拉敏丘陵上耕作小片园圃的农民。那些小园圃都在陡坡上，不能用耕耘机，也没办法引水灌溉，是很不划算的耕地。但是，雨季一来，丘陵上天天下雨。据裴门特说，种植在这些陡坡上的香药草和辣椒有纯净的森林雨水，有特立尼达的阳光，是制作真正优质辣酱的最佳原料。

辣酱搜猎之旅的最后一天，我在落日余晖中开着车走在一条窄窄的岛上公路上，途中停下车来观看陡坡下面几百英尺（1 英尺 ＝ 30.48 厘米）处的药草圃上正要收工回家的农人们。他们看来就像在一片钩织的绿色帷幕上爬动的蚂蚁，人们为了制作美味的辣椒酱究竟有多么不辞辛劳，看看他们便知。

我在过去三个星期中见到的人，有的已经坐拥跨国辣酱企业，有的制作出可能马上就会红火大卖的辣酱，有的是才华横溢的家庭大厨和聚在一起的姐妹淘——能为朋友和爱辣成痴的朋友做辣椒酱便心满意足。他们都有自己的一片天，我想着，一面轻抚着即将成为全美国唯一的这一瓶"正宗帕拉敏辣椒酱"，不禁微笑了。

注意：辣到极点！

在加勒比海逐岛寻宝，我发现到处都有独门配方。我在圣约翰岛吃到用夜晚开花的仙人掌果做的辣酱，在瓜德罗普吃到用青葱和荷兰芹做的法式辣椒酱，在牙买加吃到的鲜姜是我最爱的辣酱原料，在特立尼达我认识了添加香药草的辣酱。

以下是我这一路上巧遇的最佳食谱，读者有口福了。不过要小心，每一种酱都非常辣。

木瓜辣椒酱：

8—12 颗苏格兰帽椒，去梗去籽

2 个熟木瓜，刮皮去籽

6 根小胡萝卜，切丁

2 个洋葱，切丁

2 颗佛手瓜

12 粒多香果

10 粒胡椒

4 小枝百里香，去茎

1 盎司（大约 29 毫升）新鲜姜末

半杯糖

1/4 杯蔗醋

1 大匙油

油放入长柄浅锅加热。洋葱炒至透明，加入胡萝卜、佛手瓜、多香果、胡椒粒、百里香、姜。煮 5 分钟，不断搅动。再加入木瓜、糖、辣椒。糖融为浆状时，加醋续煮，至胡萝卜丁变软

吃的大冒险

（约煮5—10分钟）。过滤盛入瓶内。

芒果凉拌酱：

　　2个熟芒果，去皮去核，切丁

　　3大匙剁碎的新鲜薄荷叶

　　半个红洋葱，切碎

　　2个莱姆，榨汁

　　1个柳橙，榨汁

　　半颗苏格兰帽椒，去籽去茎，切成细碎

　　半茶匙盐

　　1茶匙鲜姜汁

　　用一只玻璃皿，将所有材料放入拌匀，放入冰箱。搭配烧烤海鲜吃。

瓜德罗普甘椒酱：

　　1/4个苏格兰帽椒或哈瓦那椒

　　2个洋葱，切碎

　　1杯切碎的带茎嫩洋葱

　　3粒大蒜，切碎

　　1杯纯橄榄油

　　盐与胡椒随意

　　将材料拌在一起，装入瓶子，盖紧，放入冰箱。

特立尼达之夜

热带地方是没有黄昏的。下午六点太阳西斜后就突然变成夜晚，靠近西班牙港（Port of Spain）市中心有女王宫邸大园（Queen's Park Savannah），沿着邸园大片绿草的板球场和花园的这边街上，卖椰子的正在收摊。我及时赶上向他买了一个，他从冰箱里挑了一颗绿椰子，一手托着，另一手挥刀一斩，削掉了椰子壳上头的一块，干净利落。然后他咧嘴微笑，把椰子递给我。

天色完全暗下来以后，挂在我脖子上的照相机也成了无用之物。当天下午我一直在马路对面的"皇家植物园"里拍照片，此刻我坐在一条板凳上等着吃蚝。眼前的景象却是我无法拍下的：一个拉斯特法里信徒（Rastaman）肩膀上扛着手提立体音响，穿着浅蓝校服的儿童们咯咯欢笑着，一棵开满花的树下睡着一个黑人男子。

人家告诉我，夜晚降临时，椰子贩收摊，接班的就是点着一种名叫"flambeaux"（火把）的幽暗油灯的卖蚝人。可是此刻除了路灯什么灯光都没有。我担心卖蚝人不来了，就问了一位路过的女士。凭我对当地语仅有的幼儿园程度，大致听出她的意思：因为某种公共卫生上的顾虑，卖蚝目前已属非法。

我大失所望。老远跑来这里，我就是想为特立尼达的香辣菜式食谱找些题材。体验过特立尼达的每个人都告诉我，一定不能错过邸园旁的卖蚝人，因为他们自制的辣酱是远近皆知的。甚至特立尼达籍的作家奈保尔（V. S. Naipaul）也曾在他的名作《比斯瓦斯先生的房子》（A House for Mr. Biswas）之中提到卖蚝人。小说中的主角厌倦了平淡的素食，从他生活的印度裔家中夺门而出，跑到这儿来吃辣酱蚝。结果他吃过量了，大闹胃疼。

我没吃到蚝，此刻倒开始觉得犯了偏头痛。我一肚子不高兴地走回旅馆，胸前晃来晃去的照相机让我觉得自己只是个观光客。吃不到辣酱蚝，哪有脸面谈特立尼达美食？我心里嘀咕起来：跑这一趟为的是什么？一个外国人只凭特立尼达五天游就能自称当地美食专家？

回到旅馆后，我读起奈保尔的另一本书《世间之路》（*A Way in the World*），借此抒发郁闷。书中讲到外国的旅游作家乘游轮到特立尼达停上一夜就写起特立尼达游记。我原以为奈保尔会痛批这种傻瓜相机式的游记对不起特立尼达，不料他竟表示欢迎。

他拿这种游记作者与哥伦布相比（当年哥伦布从外海的船上远远望见特立尼达的三个山坡，所以将这个岛命名为"Trinidad"，西班牙语的意思是"三位一体"）。奈保尔笔下的人物曾坐在哥伦布所命名的"帆船"悬崖上，显然这个悬崖从海上遥望很像一艘帆船，书中人物自己坐在那儿却看不出哪一点像船。他于是明白，哥伦布的视角看见的是岛上居民看不见的景象。奈保尔要说的是，旁观者清，与日常生活细部枝节无涉的外人有时候更能看清全局。

读了这些，我觉得自己应该好过一点了。在步向旅馆酒吧的途中，我却依然觉得有负此行。美食的味道毕竟是必须亲自体验的。我在酒吧里对另一位住房客人——多伦多来的一位电话公司主管诉苦，我说我品尝了西班牙港市内一些餐馆和小吃摊的美味，还参观了库努皮亚（Cunupia）一处辣椒农场，走了一趟帕拉敏的香药草田，却连一道咖喱菜也没吃到。

我对他说，我应该到一个印度裔特立尼达人家里品尝一下著名的西印度群岛式咖喱菜。我想找一位出租车司机，请他带我回家吃一顿家常菜，我愿意付一切费用。要不然，我可以去拜托酒吧里的服务员帮我这个忙。

我和这位电话公司主管边聊边喝着朗姆甜酒，他的一位女性友人翩然而至。她的名字叫休（Sue），是美国得州人，在这家旅馆大厅经营一家精品店。"这是我在特立尼达的最后一晚，还吃不到咖喱菜。"我说着，故作悲哀地趴在吧台上。

"这倒巧了，"休说，"我等一下就要去一个印度裔家庭吃晚饭。

你愿意的话就一起去，他们不会介意的。"我听了先是一震，然后趁她来不及改变主意之前，赶紧接受了邀请。我回房匆匆淋浴刮胡子，对着镜中的自己笑起来，想不到竟能撞上这种好运。

"萨维特里（Savitri）是烹调高手，"我们在旅馆大厅等车子的时候休对我说，"她娘家在特立尼达是很有名的。她是奈保尔的妹妹，你晓得奈保尔这位作家吗？"

我吃惊得连话也答不出来。我若是奈保尔笔下的人物，一定会认为这个巧合必是某种神秘的征兆。

奈保尔描写特立尼达印度人的那些美好的书，是洞悉加勒比海文化之谜的见识。当初到这儿来讨生活的那一代卑微的印度人，在欧洲人的蔗糖农场做工，如今他们的后代继承了他们昔日东家掌握的特立尼达。印度移民在这儿开创的世界是他们始料未及的——他们为了等待重归故国而暂时忍耐的生活，竟变成他们永久的文化。

印度语、种姓制度以及传统印度教的繁杂仪典，早在移民劳工初期就因为不切实际而被弃而不用了。但是，神秘主义的生命观至今仍然未改。

有些特立尼达人显然信奉着一种本土的印度教——印度迷信与其他文化的神话寓言的融合。坐车前往萨维特里位于西班牙港市郊住宅的途中，我看见一幢房子既挂满圣诞节灯饰，院子里又有印度文经幡在一根根矗立的竹竿上飘扬。我感到不解，就请教司机。据他说，在特立尼达家宅的客厅里，印度教神像和圣诞老人是和平共存的。

萨维特里和梅尔文·阿卡尔（Melvin Akal）夫妇的豪宅在高级住宅区华尔山邸园（Valsayn Park）之中。豪宅里面陈列着印度雕像和傲人的现代艺术收藏。多数客人都在游泳池旁的庭院里啜饮鸡尾酒，我却跟萨维特里在厨房里转来转去。

"我们今天只有罗堤（roti）。"萨维特里一面忙着准备晚餐，一面客气地说。罗堤是一种印度面饼，特立尼达人说的罗堤却不只是面饼而已。全岛各地有上千家罗堤店，你若是点一客罗堤，端来的是一大块饼，里面夹满咖喱肉和其他馅料。

她说的"只有"罗堤，对我而言却像在印度天堂里打开一包包的圣诞礼物！

萨维特里边揉面团边说明各种不同的罗堤做法。加料的叫作"普里"（puri），"达尔"（dahl）的意思是指剥了荚的黄金豆（yellow pea）瓣，所以"达尔普里"就是"加黄金豆泥"。此话有理，我想起在著名的"巴特拉吉"罗堤店（Patraj Roti Shop）厨房里的一幕。我曾到那儿参观，看见一位女士将一把黄色的糊状东西塞进揉好的面团。然后把面团擀开，涂上澄化奶油，再放进平底锅里煎。成品就是掺了黄金豆泥的美味面饼，口感甚佳。

"要做阿鲁普里（aloo puri，加马铃薯）罗堤也可以，"萨维特里说，"还有帕拉塔（Paratha）罗堤，是酥皮的；撒达（Sada）罗堤是原味罗堤；多斯蒂（Dosti）罗堤是双层罗堤，我现在做的就是这种。"她的做法是，用印度的澄化奶油抹了一个面团，把另一个面团叠在上头，把两个一起擀薄。我急着想看这样重叠出来的面团会有什么效果，只见她把薄饼往圆形的电烙锅里一放，后果立见分晓。

原来面饼入锅以后便从周边渐渐分离了。萨维特里把薄铲伸进分离处，重叠的面饼就一分为二，成了两张更薄的饼。她用奶油把两张都涂了，饼烙熟之后，她把两张饼各对折两次，再放进铺了餐巾的篮子里保温。

客人到齐后，女主人把罗堤端上自助餐桌。我们吃的开胃菜是撒希纳（saheena）——芋头叶包着黄金豆馅，以及卡卓里

（cachourie）——剥了荚的黄金豆加洋葱和番红花煎成饼，香脆的卡卓里是用萨维特里自制的火辣酱料佐味。她的这个库其拉（kuchela）辣酱原料是青芒果丝、辣椒、辛香料。青芒果没有甜味，这个酱料吃起来味道就像辣而脆的酸腌包心菜丝。她做的罗望子酸辣酱是巧克力色的，用的是未去籽的罗望子和辣椒。以上这些都只是开胃小菜而已。

正菜有煎秋葵；西红柿"绰卡"（chokha），乃是烤过的西红柿加洋葱、大蒜、莳萝、胡椒煎炒而成；蒸南瓜；菠菜煮大蒜及洋葱；咖喱青芒果；咖喱马铃薯及四季豆；咖喱鸡；黄豌豆糊（配米饭）、黄瓜、酸奶；当然还有罗堤。咖喱鸡非常味美，嫩嫩的带骨鸡肉盛在深黄色的汤汁里。

萨维特里在咖喱的旁边摆了一碗醋拌辣椒泥，是用特立尼达土产辣椒做的。"这不算是辣酱，"她说，"只是腌辣椒，用来拌别的东西提味。"这个辣椒泥本来是为了一年四季都能吃到辣椒而设计，也是加勒比海所有辣酱的老祖宗。"我可能按当天菜式的味道决定是加上芥末和洋葱，还是水果和姜。"她说。这天晚上的辣椒泥是配咖喱用的。特立尼达的咖喱一般调味都不重，所以放一碗辣椒泥在旁边，以便喜欢重辣口味的人自取。

当晚的贵宾莅临后，我又往奈保尔笔下的特立尼达神秘大杂烩更迈近了一步。众宾客都在引颈期盼的这一位贵宾，乃是著名的特立尼达籍通灵者肖恩·哈里卜（Sean Haribance），大家围绕着他，热烈得近乎膜拜。宾客们没有把这件事当作饭后娱乐，大家都深信哈里卜先生能预见未来。

因为客人们争相趋前，我正好趁此把自助餐桌上未吃完的美食扫净，并且缠着女主人打听烹饪秘诀。可是，一旦通灵大师给在场的其他人都看完手相了，大家就起哄非要给我也看一回。反正私房

吃的大冒险

食谱都已经到手，我就欣然配合了。

哈里卜先生仔细看过我的手掌后，说我是个非常聪明的人，也是出色的作家（甚得我心）。我将有长久而多产的写作生涯，六年以来的努力都将足够我毕生之用。最后，我要发表的这本食谱将是畅销巨作。

我会相信通灵现象吗？一般情况下是不会的。但是回想一下，几小时前我还在为了没尝到真正的特立尼达口味而垂头丧气，然后就有一位精灵听到了我心中的愿望，把我送到这个神妙的晚餐宴上，让我在奈保尔妹妹的亲自教诲下学到罗堤的艺术和咖喱的学问。

看来，我必须修正以往不信灵异的态度。何况，这一晚的经历给我赚到的版税可是再实在不过的。

萨维特里双层罗堤：

把双层饼一分为二是需要多练几次的技术，但这是值得一练的家常功夫，因为这是做出很薄的饼的最简便的方法。

1 杯中筋面粉

1 杯全麦面粉

1/4 茶匙盐

1 茶匙发泡粉

1/4 杯澄化奶油

1 杯温水

把干的材料都放进搅拌处理机，加一茶匙半的澄化奶油和面。和面过程中慢慢加水，至形成面团后，再和面30秒。

把面团分成小球，面团大小视你家的烙锅面积而定。特立尼达人用大的圆形电烙锅做罗堤，所以出来的饼直径有9英寸。按这个食谱可以做六个9英寸的罗堤，或十个5英寸的。

把小球面团放在揉面板上，压扁成圆形片。取一片在一面涂上澄化奶油后，再取另一片叠上。把叠在一起的两片擀成饼。

烙锅加热至水滴会在锅中跳起来。用澄化奶油轻轻把锅刷一遍，将擀好的饼放入。在饼面上涂一遍油，再将饼翻面。烙至饼面起泡，边缘开始分离，以木铲伸入裂缝，轻轻把重叠的饼分开。以刷子蘸油将两个饼的内面涂油，继续烙至饼呈褐色为止。

将饼对折放入铺了餐巾的篮子内保温。立即送上饭桌，与夹饼馅料一起食用。

原味罗堤：

与上述做法一样，只是不用叠成双层的手续。烙出来的饼较厚。

加料罗堤：

做起来要一点功夫。我在"巴特拉吉"罗堤店看见的那位女士，能把一团黄金豆糊塞进面团揉好，再擀成中间夹着豆糊的一张饼。我自己试做则是每每一挤就把豆糊喷得老远。

5英寸大的加料罗堤所加的料不能多过一茶匙。把冷藏过的豆糊馅捏成小球塞进面团包好，小心擀开，再按上述烙法烙熟。

澄化奶油：

做印度菜也可以用蔬菜油，但不及澄化奶油地道。除掉其中的乳质固体后，油可以耐加温。

把一整方块奶油放入厚的小深锅用小火烧。融化后从炉上取下，放凉 5 分钟。把表层的浮皮撇除。把澄清的浅黄色油倒入容器（即澄化奶油）。沉在锅底的乳质固体倒掉不用。

剥荚黄金豆：

黄金豆泥在特立尼达印度烹饪中的地位就等于拉丁美洲的蚕豆。黄金豆泥配白饭是一道主菜，芋头叶包豆泥是一种开胃菜，揉在面团里可做成加料罗堤。

1 杯干的剥荚黄金豆

2 棵带茎嫩洋葱

1 茶匙姜黄

半茶匙黑胡椒粉

盐随意

黄金豆拣好洗净，浸在水中泡 2 小时。将水倒掉，淘洗豆子后放入深锅，加 3 杯水，除了盐之外，其他配料全部加入，煮沸后改小火慢煮 40 分钟，不时加以搅动。

豆子煮软后，改为大火，频频搅动再煮 10 分钟，至豆子膨胀变厚。将豆子放入筛网或碾磨机制成软泥。加盐调味。

咖喱粉：

特立尼达人最爱用的咖喱粉有四种：酋长（Chief）、大公（Rajah）、包头巾（Turban）和印地（Indi）。讲究的厨师却会用自制的咖喱。自己来烤咖喱子、磨粉，风味更足。以下的材料如果不能找齐也无妨，少一两样仍能做出味香的咖喱粉。如果没有添加黄色用的姜黄，制成的咖喱粉叫作"马萨拉"（masala）。

4 份芫荽籽

3 份葫芦巴籽

2份土茴香籽

2份芥籽

2份茴香籽

2份茴芹子与八角（或二者选一）

5份姜黄粉

把香料籽放入12英寸的炒锅，用中火炒至香料开始冒烟释放出香味，约4分钟。用咖啡研磨机把炒好的材料磨成粉。加入姜黄拌匀。

咖喱鸡：

特立尼达的印度教徒不吃牛肉，穆斯林不吃猪肉，所以大家最常食用的肉类是鸡。这一道菜用放养的或围养的土鸡肉较佳。注意椰汁不可买错，加糖的椰奶是调酒用的。

3磅重的小鸡2只，每只切成10块

1个莱姆，榨汁

半杯澄化奶油

3瓣大蒜，剁碎

3棵带茎嫩洋葱，切细

半茶匙新磨好的黑胡椒

2茶匙咖喱粉

3枝百里香

1盎司鲜姜，去皮切细

1杯椰汁

1颗佛手瓜，去皮，切成1英寸大小的块

2根胡萝卜，切片

1个马铃薯，去皮，切成1英寸大小的块

鸡肉放入热锅，加一半的油与大蒜煎至皮发黄。关火取下，洒上莱姆汁放着。另一半油放入炖锅加热。放入嫩洋葱、胡椒、咖喱、百里香、姜，烧至嫩洋葱呈鲜绿色。将鸡肉加入，盖上锅盖小火煨约10分钟。再加入椰汁、佛手瓜、胡萝卜、马铃薯。盖上盖子再煨30—40分钟。端上桌，一旁备好辣酱以便加味。为6人份。

终极咖啡

牙买加的蓝山（Blue Mountain）中，隐秘一角躲着咖啡种植者亚历克斯·特怀曼（Alex Twyman）的家。特怀曼原籍英国，人称"咖啡怪客"，住在4200英尺（1270多米）高处的一间简朴的铁皮顶屋子里，想喝到他的咖啡真是不折不扣的高攀。

我和许多美国人一样，近十几年对喝咖啡这件事可越来越讲究了。在过去的20年间，我们这些人变成品尝咖啡的行家。买咖啡也变成和买酒一样得精挑细选。我们不再是采买时顺便买一磅咖啡，而是在综合可那（Kona blend）、肯尼亚特级（Kenya AA）、哥斯达黎加（Costa Rica）、苏门答腊陈味（Aged Sumatra）咖啡之中选来选去。

这些品种之外，还有神秘性一直浓郁不散的牙买加蓝山咖啡。一般咖啡专卖店里的以上各种咖啡，每磅大约售价6—14美元。牙买加蓝山却可能贵到35美元一磅！如果在东京买，一磅蓝山得花60美元，堪称世界上最昂贵的咖啡。

我爱咖啡，但不曾想过要花35美元去买一磅。某日，在咖啡专卖店排队时我一直盯着那有魔法的名字，终于心防瓦解，买了半磅回家。这的确是好咖啡，醇而不烈，出人意料地温和，香味十足，也没有我常喝的其他咖啡那种留在嘴里的酸味。可是也就是咖啡而已。我颇感失望。

于是我打电话请教了几位咖啡专家，看看我是不是什么地方搞错了。担任星巴克265家咖啡连锁店采买主任的戴夫·奥尔森（Dave Olsen）说："一般的蓝山咖啡要价过高，烤的火候却太低，噱头的成分居多。"但是他又说，真正上乘的牙买加蓝山咖啡是喝过就终生难忘的。

美国专业咖啡协会（Specialty Coffee Association of America）的执行长泰德·林格尔（Ted Lingle）说："好的牙买加蓝山咖啡味道是与众不同的，比其他咖啡既温和又香甜。但是，关键在于能不能买到如假包换的牙买加蓝山。"显而易见，咖啡的质量天差地别，甚至同一个产地的咖啡也有高下之分。专家们都说，一旦喝过真正顶级的牙买加蓝山，就知道它为什么是世界咖啡之冠了。

我的不畏险阻精神不逊于我对咖啡之热爱。所以，我抱着不喝到终极咖啡誓不归的决心来到了牙买加。

马维斯班庄园（Mavis Bank Central Factory Ltd.）是个稍不注意就会错过的地方。它躲在山路下面斜坡上的浓密树丛之中，路过时根本看不见。我们是闻到烤咖啡的香气才发现已经走过头了。于是我们掉头折回去，才看见它在公路的下面，工厂是几栋围着大中庭而建的老式砖房，中庭铺着正在干燥的咖啡豆。

所有的蓝山咖啡都是通过包括马维斯班在内的四家商号才得以问世的。这四家咖啡加工厂都不可收购正式确认的蓝山产区以外的咖啡农产品，蓝山区的种植者也不可以把咖啡豆卖到别的地方。自第二次世界大战结束，牙买加咖啡工业理事会（Coffee Industry Board of Jamaica）成立，就开始实施这个办法，以确保蓝山咖啡的高质量。

马维斯班的厂长诺曼·格兰特（Norman W. Grant）带我参观了

作业设备，说明"红果"，即咖啡树的果实如何变成绿色豆子，继而进行烤制。参观中最重要的部分就是试饮。咖啡业的品管过程并不科学，也不是机械化的。收购的每一批咖啡豆经过烤制、研磨后，取出的样品要和沸水一同放入杯子里，然后训练有素的咖啡试味者就来"啜饮"。

"啜饮"还说得太婉转了。格兰特在一个可旋转的桌上摆了七种咖啡样品，先用汤匙撇掉浮在面上的咖啡粉末，继而品评香气，然后用力吸入满满一口咖啡，力量之强，非常人所能。这样猛力地、发出了哨音地吸上一口，据格兰特说，是为了使食道壁上沾一层咖啡粉。

我试吸一口，就咳了起来。再试几次，抓到了一点窍门，但始终没有格兰特的那股劲。我们试的七种样品的质量差距是非常大的。

第一种很好。第二种极优，有水果和花的芳香，口味纯净而甘美，喝一口就立刻明白牙买加蓝山为什么号称世界第一。其余五种相形之下显得平淡无奇。但是这七种都将成为某种牙买加蓝山咖啡口味的成分。

回到首府金斯敦（Kingston），我和几位餐馆老板在叙谈中提到在马维斯班的经历。我说不能买下最极品的蓝山咖啡是件憾事，一位仪态优雅的女士听了，不动声色地拉我到一旁，说出了亚历克斯·特怀曼的名字。"这人是个怪物，"她说，"可是他那儿正有你要的东西——牙买加最好的咖啡。他的陈味咖啡香极了。"放陈了的咖啡会好喝吗？我有些纳闷，但随即想起在咖啡专卖店看过"苏门答腊陈味"，也许咖啡也能和酒一样越陈越香吧。

几天后，我爬上弯弯曲曲的山路，来到特怀曼家门口。由于他家没有电话，我做了硬闯的不速之客。他与妻子多萝西（Dorothy）

正坐在客厅里。从这没有华饰的小客厅可以看见天边通红与银白的云，以及云影衬托的山峰。从客厅的窗口往下看，是陡得吓人的山崖。山坡上到处是映着夕阳的咖啡树。

出生于伦敦的特怀曼在牙买加已经住了35年。他曾以测量员为业，并以特立独行的思考远近驰名。"要不要喝杯咖啡？"他问我。他在煮咖啡的当儿还说出一个国际政治的怪现象。

"牙买加咖啡赚的钱全给日本拿去了。"他说。日本人以每磅7.5美元的价码买走咖啡总收成的90%，牙买加咖啡工业理事会向农民收购的价钱只有日本人的一半。日本人把买回去的咖啡豆在东京烤制，然后以每磅60美元出售。特怀曼认为这简直岂有此理。"这是日本殖民主义嘛！"他吼道。

"法律规定，"他抱怨地说，"我只能按收购价卖咖啡豆，根本不管它在世界市场上有多高价值。"他认为他的农庄出产的是顶级的咖啡豆，他希望能挂自己农庄的标签来卖，不愿意别人拿它们去混上蓝山地区的次等货出售。

他小小的房间飘起馥郁的、暖洋洋的新煮咖啡的香味。他又说："我们这个地方的气候和别的地方不一样，所以我的咖啡从开花到可以采收，要10—11个月。一般平均只要5个月。我的咖啡豆因为成长时间长，所以豆粒比别处的大而且硬。"

特怀曼曾在20世纪80年代初期申请许可执照，想要自己烤制咖啡豆并直接卖给日本和美国的买主，结果被咖啡理事会驳回了。从那时候开始，这位倔强的英国人就开始把咖啡豆放陈了。

"我本来没有要放陈的意思，"他说，"纯粹是为了赌气，老子的咖啡豆谁也不卖！"他从1982年起就不再把咖啡豆卖给理事会了。他把咖啡豆储藏在金斯敦市内的一处仓库里，希望等到能凭执照自己直接来卖的一天。

吃的大冒险

咖啡煮好了，我垂涎欲滴，特怀曼却接着解释放陈的道理。起初他担心储存会破坏咖啡豆的质量，所以找数据研究了一下。结果发现，放陈的咖啡一度是高档商品。委内瑞拉和苏门答腊的咖啡豆陈放 5 年或更久，能以最高档次的价格出售。"我们发现陈放可以提增咖啡的风味，"特怀曼说，"可以使味道更芳醇。"

多萝西替我的馋虫解了围。她轻声提醒丈夫，我们正等着一尝这芳醇味道呢。特怀曼倒了一杯给我。平时我喝咖啡是习惯加奶和糖的，此时却一律免了。这咖啡的浑厚香气恰似精纯巧克力的香。虽然因为是中度烘焙而味道浓烈，喝到喉咙却是甘美圆润而又温柔。真是不同凡响。

"这咖啡不是平常拿来喝的那种。"特怀曼说，"而是宴客时最后才和你珍藏的白兰地一起端出来的咖啡。"难怪牙买加蓝山咖啡的神话历久不衰，是的，咖啡真能好到那种地步？如果花 35 美元能买到 1 磅特怀曼的咖啡，算是捡到便宜了。他若真能如愿直接卖自己的咖啡，你能在附近专卖店买到的恐怕还不止这个价钱。

不过，特怀曼此时尽管坐拥上万磅全世界最优质的咖啡——可能是全世界仅有的蓝山陈味咖啡，但限于牙买加法令规定，他连 1 盎司也不能卖。

多萝西又端起咖啡壶，问道："谁要续杯？"

卡布里多大王

"卡布里多"意指烤全羊，名称源于西班牙语"cabrito"（小山羊）。在南得州，卡布里多乃是家人聚会时的一道传统美食。我初试烤全羊那天，与会的人有 50 位，是我太太的娘家亲戚和一些老友，为了庆祝我两个女儿的生日特地搭机前来，我却把全羊烤砸了。

我们拟定烤肉宴客之时，我和太太却认为不妨把卡布里多也列入，以增添趣味。于是我逛到圣安东尼奥的一处墨西哥肉品市场，买了一整只小山羊。对于习惯买干干净净小塑料袋包装肉品的人而言，接过一个重20磅的动物死尸简直是莫大震撼。打开自家冰箱看见最下层的一个袋里伸出剥了皮的腿，也让人很不是滋味。

宴客的前一天晚上，我把卡布里多和一些胸肉、烤猪肉都放进一个租来的、奇大无比的熏炉里，让这些肉熏一整夜。第二天却发现熏了的卡布里多很难吃，客人们都宁愿吃别的烤肉。虽然准备的食物也够所有宾客吃到饱，可是我一直垂头丧气。朋友们故意开玩笑逗我，搞得我如坐针毡，决心好好研究一下如何烹调卡布里多。

山羊肉以前曾是欧洲穷人的主要肉食。哥伦布于1493年第二次远航时把山羊和绵羊引入了美洲，随行的西班牙畜牧者养绵羊取羊毛，养山羊供肉食、奶酪、羊乳之需。

到了18世纪，绵羊、山羊、牛传入了墨西哥北部和得州南部的教区。按1765年间的西班牙皇家普查记载，圣安东尼奥教区拥有的绵羊、山羊总数为一万两千头。由于教区范围广大，畜群分散各处，牧牛羊的人便开始实行骑马放牧。骑马牧童（西班牙文称为"vaqueros"）于是形成了马背上的牛仔文化，享用卡布里多便是这种文化的一部分。

要明白卡布里多的由来并不难，要找到卡布里多的食谱却大为不易。我最欣赏的两本墨西哥食谱的作者里克·贝利斯（Rick Bayless）和黛安娜·肯尼迪（Diana Kennedy）虽对卡布里多美味大表赞赏，却都不说该怎样做出这种美味。不过，两人一致表示，最好吃的卡布里多在墨西哥的蒙特雷（Monterrey）。

那次烤肉宴失手的一年后，太太问我父亲节那天怎么过。

"我们到蒙特雷去度周末吧。"我说。

"蒙特雷有什么好玩的？"她问。

"那儿是革制品中心，"我找了理由，"你可以带着女儿们去买鞋。"

太太疑惑地打量我。

"你怎么会想到为了我们买鞋跑那么远？"她追问。

"我听说那儿的卡布里多还不赖，所以想顺便去学上一两招。"我说。太太的眉头皱了起来，跟着我出去找厨艺资料的那种苦头她是尝过的。"所以我们这三天就得顿顿吃卡布里多了？"她接着问。"也可以吃到别的东西啦。"我向她保证道。

我说蒙特雷的卡布里多还不赖，这就好像说夏威夷的冲浪环境还不赖。其实蒙特雷是卡布里多世界的首都，再也没任何其他地方像这里一样处处离不开山羊肉。我们抵达蒙特雷还不到两小时，就吃了卡布里多大餐，地点是蒙市最高档的餐馆——位于伊达尔戈高原上的"大叔"（El Tio）。用餐的大厅是户外庭院，有乐队现场演奏，我两个女儿兴奋不已。她们跑去看花园和瀑布，我则拿起菜单问侍者什么是"卡布里多·阿尔·巴斯多"（cabrito al pastor，意即"牧羊人式卡布里多"）。

墨西哥内陆常见的山羊肉吃法，是用酪梨叶或香蕉叶包起来蒸。墨西哥北部的牧羊人却没办法照样做，因为当地没有这些芳香的叶子，而且缺水。所以他们想出简单至极却又恰恰适合沙漠地区的料理方法：用牧豆树枝为柴，把小山羊架在炙叉上烤。

经我一问，侍者便引着我到露天的厨房去看牧羊人式卡布里多的制作过程。在砖砌的天井里，一个圆形的穴里升着简单的透天营火，整只整只的小山羊用钩子挂在长长的金属杆上，靠近火烤着，距离刚好够把肉烤熟，把皮烤脆。

卡布里多散发着很浓的野味香气，这是它通常都在户外料理的原因之一。气味虽强，多汁的肉却极嫩，而且味道出人意料地清淡。要诀在于保持炙叉上的羊肉和火之间恰到好处的距离，能把肉皮烤脆，却不会把骨头烤焦。招呼我们的侍者说，在蒙特雷点烤全羊肉需说明要的是哪个部位。"佩尔那"（Pierna）是多汁的后腿肉；"帕列塔"（Paleta）是干而脆的前腿肉；他自己最爱的是"里诺纳达"（Riñonada），也就是靠近腰子部位的那一块。我就请他把每个部位都给我们来一点。

太享受了。露天生火烤肉的所有特性，卡布里多一应俱全：皮脆，肉质嫩而可口，味道浓而带着炭香。我也觉得"里诺纳达"（长条柔嫩的一块背脊肉）最好吃。骨头上连着几根肋条，我把它们一一掰下来，啃上面的细肉和脆皮。女儿们爱吃"佩尔那"，她们说那是"棒棒腿"，太太比较喜欢脆脆的前腿肉。一家都吃得盘底朝天。

第二天早上，我忍着不到外面去吃，规定全家人都在旅馆里吃了吐司、果汁、咖啡的早餐。吃毕，我们到蒙市占地数亩的"大广场"（Gran Plaza）上散步。女儿们喜欢海神大喷泉，我则在欣赏那些现代风格显著的建筑。我们在一个长条椅上坐了一会儿，瞻仰矗立在沙漠地平线的整片纯蓝的玛德雷山脉（Sierra Madre）。我叫大家看其中一个形状怪异的山峰——希拉峰（Cerro de la Silla），意思是"马鞍峰"，这个山峰乃是蒙特雷市的象征。

"我们今天要干吗？"小女儿问。

我还没来得及回答，她姐姐就说："我知道，我们要去吃卡布里多，对不对，爸爸？"

"对，宝贝。"我安慰她，"要先举行买鞋典礼，然后才吃。"

蒙特雷的高价消费区佐那罗莎（Zona Rosa）大概有三分之一是鞋店吧。我们逛了至少5家，太太和女儿们试穿了无数双各式各样的靴子、高跟鞋、平底鞋、便鞋、凉鞋。每次她们问我觉得深红的好看还是浅红的好看，我都装出用心在看的样子，但是恐怕装得不像。因为我实在不明白，与我同是一家人的她们怎会觉得试穿几十双鞋子是件乐事。女士们终于买够之后，我们把堆成小山似的一盒盒鞋子先送回旅馆，然后全家钻进一辆出租车出去吃午饭。

打从我们来到蒙特雷的那一刻起，我就问遍遇见的每一位出租车司机、饭馆侍者、鞋店售货员，蒙市什么地方可以吃到最棒的卡布里多。他们不约而同给了这个答案："卡布里多大王（El Rey del Cabrito）。"还没走进"大王"，你就知道他们对于卡布里多有多么郑重其事了，门口的橱窗正展示着二三十只架在炙叉上烧烤的全小羊。

"里面的气味有点怪怪的。"走进门时大女儿说。

她说得没错。大餐厅里到处弥漫着烤羊肉味。"卡布里多大王"的菜单上除了有我们在"大叔"吃过的所有样式，还有"卡布里多弗利它答"（Cabrito fritada）——文火煨的卡布里多开胃菜、"马奇托斯"（Machitos）——火烤小山羊肝、"卡贝西塔"（Cabecita）——小羊头。

我们每一样都点了，羊头除外。

"卡布里多大王"会成为蒙特雷人的最爱，原因显而易见：分量特大，价格却比"大叔"之类的高档餐馆便宜。这儿的"里诺纳达"硕大无比，肉质鲜嫩，火候拿捏得恰到好处。不过，真正惊人的是"马奇托斯"，上菜时是用金属大盘盛着嗞嗞作响的羊肝片，下头铺着一堆炭烤洋葱，我有点迟疑，那东西看来既怪异又不可口。

我太太却突然吃兴大发。她一边畅谈肝与洋葱在世界文化中的重要地位，同时一口羊肝一口啤酒地吃着喝着。我警觉到自己再不开动恐怕就吃不到了。羊肝外皮很脆，里面柔滑浓醇，我正在品味这奇妙却强烈的混合风格，太太那边伸来一只叉子，取走了最后一片羊肝。

那天下午我带着女儿在旅馆的游泳池里戏水，太太却在房间里休息，她说自己吃得太撑了。稍晚，全家一起在树荫笼罩的伊达尔戈小广场上散步。又走到马路对面，到华丽的安杰拉饭店（Hotel Ancira）去品尝浓缩咖啡与冰淇淋。安杰拉饭店的大厅地板铺着棋盘式的黑白大理石，那儿有些养在笼子里的鸟儿，还有一位名叫鲁本（Reuben）的侍者，都令我的女儿们倾倒。鲁本是了不起的鸟鸣模仿者，学鸟儿啁啾声时颈上系的领花随着喉结颤动。我在零售摊买了羊乳糖来配咖啡，一边还在餐巾上比画着回家后要如何在后院建一个烤全羊的火炉，我太太却唱起反调。

"我今天晚上不能再吃卡布里多了，"她宣布，"再闻到山羊肉味道我会反胃。"这全是烤羊肝害的。

虽然还有卡布里多斯（Los Cabritos）、卡布里特罗（El Cabritero）、帕斯多（El Pastor）等名店，但一切到此为止。我们妥协之下选了"皇家"（El Regio），这家馆子里有 12 人的墨西哥乐队，供应着墨西哥东北部的各式地方美馔，还有在室外烤的卡布里多。太太点了无骨牛胸肉，我点的是煨小山羊肉片配新鲜西红柿和绿辣椒的酸辣酱。我把这种吃法也列入我的卡布里多食谱当中。

"我搞不懂，你怎么能顿顿都吃同一种东西。"太太摇着头说。

"这是我所谓的透彻研究，别人也许要说这是不知节制的吃，"我答道，"同理，就像你所谓的鞋子大采购……"眼见她瞪过来的目光，我马上住了口。

"所以啦，我们能相处得这么好，也许正是这个缘故。"我改变口径，"因为我们俩都是做事非常彻底的嘛。"

古早味

调制墨西哥传统的瓦哈卡南瓜汤（sopa de guias）的方法：南瓜切片，把南瓜藤叶子切碎，把藤茎的皮剥掉后也切碎，就像切芹菜一样。将三种材料放进锅里煮，再加一点"契比尔"（chepil，一种像芥末的野生草本植物），再加整只玉米横切的一些圆片。煮一阵子后，再往锅里加一些南瓜花。瓜叶使这道汤有菠菜味和菠菜绿色，瓜梗吃起来脆脆的，瓜花增添甜味。这道汤既好吃又有意思，吃的人会觉得仿佛吃掉了整棵南瓜株，加上周围野地上的零星植物。

"古代萨巴特克人（Zapotecs）有时候也会往汤里加一点龙舌兰上的虫子。"烹饪讲师苏珊娜·特里林（Susana Trilling）说。她是"心之季节"（Seasons of My Heart）烹饪学校的主持人，学校设在瓦哈卡的一个村庄里。特里林找来一位萨巴特克本地的女士担任助手，教我们一道配南瓜汤吃的佐味菜，叫作"特克拉优达斯"（tclayudas），一般常用这个名称指瓦哈卡地方特有的大号玉米饼，在此指抹了豆糊的玉米饼。

这位年长的瓦哈卡女士肩上围着黑灰色相间的披巾，跪在地上磨黑豆糊，用的是架在三脚台上的石头磨盘和一根石头的擀面棍。磨好的豆糊抹在玉米饼上，放入灶里烘干，便成为脆皮烤饼，放上几个星期也不会变味。虽然没有人能确知上述的南瓜汤和玉米饼究竟有多久远的历史，品尝它们却能使人发思古之幽情。事实上，现代的萨巴特克烹饪与古法烹饪是相当近似的，所以考古学家为了理解两千年前遗留下来的陶器碎片，都纷纷研究起萨巴特克的烹饪。

"萨巴特克文化的精髓流传至今的，比其他被征服消灭的各族为多。"马库斯·温特博士（Marcus Winter）如是说。他是墨西哥国家人类学及历史研究所（INAH）的瓦哈卡区研究中心考古部的研究员。西班牙人入侵时期的中美洲，是在阿兹特克人统治之下的。阿兹特克人虽然曾于15世纪侵犯过萨巴特克人的领土，却从未真正占领过瓦哈卡。不过，西班牙人征服中美洲后，阿兹特克人的纳瓦特语（Nahuatl）成为中美洲大部分地区的官方语言。瓦哈卡城乡地名原来的萨巴特克称呼改了，取而代之的是纳瓦特语或西班牙语地名。萨巴特克的食物名称也跟着改了。例如"特克拉优达斯"的"特克"，可以看出纳瓦特语的端倪。萨巴特克人自己却有另外一个名称，他们说的豆糊玉米饼发音近似"黑特"。

萨巴特克语虽然没有文字，却仍是墨西哥境内通行最广的语言之一。按1993年的"墨西哥全国普查"，瓦哈卡省说原住民语的人口超过100万人，其中三分之二是萨巴特克人。瓦哈卡山岳起伏的乡野使侵略者却步，也阻挡了外来的影响，这使得萨巴特克文化在相当孤立的环境中大致保持不变。而萨巴特克食品之所以没有改变，却不仅仅基于这一个原因。温特博士说："经济因素影响很大。食品没有变，是因为这儿的居民仍旧在吃他们自己栽种的作物。"

在距离瓦哈卡市不远的库里班村（Culipán）有一个古旧的修道院，现在是一个实验研究所，我便是在这儿与温特见面的。我们走过的一个个房间，都有年轻人在埋头研究这些年来自阿尔班山（Monte Albán）废墟出土的陶片。"我们想要了解这些陶器当年的用途，"温特说，"所以我们跑到萨巴特克村庄里，去记录现在的人怎样使用器皿和炊具。"他引我走进一个房间，里面放满了上百件阿尔班山出土且业已缀补还原之瓦哈卡独特风格的灰色陶器皿。

温特认为，阿尔班山出土的大量城市初期（公元前500—前

　　　　　　　　吃的大冒险

200 年）不同形状及大小的碗，证明人们的饮食习惯突然有了改变。我细看着这些灰色陶器，不禁想到如今墨西哥餐桌上仍然常见的那些小碗盛的辣酱、腌辣椒、酪梨酱以及辛香料末。其中有些比较大的器皿很像萨巴特克妇女现在还在使用的陶砂锅，这种锅叫作"卡促埃拉"（Cazuelas），可用来直接放在煤上炖豆子、辣酱、肉菜及南瓜汤用。

"你猜这个是做什么用的？"温特问我，拿着一个飞盘大小的盘子，中央立着一个和烈酒玻璃杯差不多大的高脚杯，"看起来像放蜡烛的，可是我想中央这个小杯子是放辛香酱料的。"

"也许是放辣椒粉。"我猜道。

在陈列陶碗的这个房间外走道的另一边，温特博士从一些硬纸箱里找出一些陶片给我看，就是凭着这些陶器残片，人们开始对2000 年前的墨西哥饮食有了一点概念。其中一块是弧形玉米饼陶锅，西班牙语叫作"comal"。就是在阿尔班山城市初期，这种玉米饼烙锅成为瓦哈卡谷地家家户户使用的东西。

用来做玉米饼的玉米，必须经过石灰处理。我问温特是否知道这种化学加工法是什么时候在中美洲兴起的。他说目前尚不确知，但是有一个巧合值得注意：玉米烙锅渐渐普及的时候，大约也是大规模建筑物逐渐出现的时期。"阿尔班山古建筑使用石灰砌墙，"温特说，"假如说用石灰浸泡玉米的方法是从此时开始，我可一点儿也不觉得意外。"

陶土烙锅中央是平的，向外至边缘渐呈弧形。它的尺寸和形状都和现今制作瓦哈卡玉米饼用的金属锅一模一样。考古学家借着观察现代人使用烙锅的方式，推断它为什么要设计成这种形状。古时候和现在一样，做成饼形的玉米团要放在锅中央热的地方烙熟，然后挪到部位较高的锅壁上燻干——成为烤饼。

现代的美洲人爱吃烤饼，是因为它蘸了厚厚的酱汁也不会变软。在古代的中美洲，它最大的优点是久放不坏。一般玉米饼放两三天就会发霉，干烤的玉米饼却能放好几个星期。"干烤玉米饼算是最老资格的保久食品之一，"温特博士说，"有了这种食品，阿尔班山的人就可以在行囊里带上够吃许多天的粮。迁徙的能力是那个时代求发展的关键，而干烤饼则是迁徙能力的关键。"有了可保久的食物，才可能跑远路去做买卖、到外地去栽种作物、去参加一连热闹几天的节庆。我听着温特说话，脑中又浮现起几天前吃的那个豆糊玉米烤饼。

温特给我看的另一个（阿尔班山出土的城市初期）器皿，对于墨西哥食品的影响不下于烙锅。这是圆形的器皿，皿壁厚厚的，叫作苏奇尔基东谷皿（Suchilquitongo bowl），是按出土处的瓦哈卡小村所命名的，它同时也是几件完整的出土古物之一。温特指着内壁一明显的磨损处让我看。硬的粮食用石磨碾磨，比较软的就用这个来捣碎。它的功用和现代的料理机相似，可以把多样食材一起捣碎制成酱。"我们已经知道古代人有酪梨吃，"温特说，"因为我们发现了酪梨籽的化石。我们猜想他们也吃剥皮绿西红柿（miltomates或 tomatillos）和辣椒。"器皿上的残余物研究将来会提供更确切的古代中美洲作料酱食谱。

"城市初期在阿尔班山产生的变革是非比寻常的。"温特说。大规模的建筑物、天文学、铭刻的象形文字、烹饪新方法，似乎都是在公元前200年产生，并且从古中美洲最古老的城市阿尔班山传布到其他文化当中。"阿尔班山之于古代的特奥蒂瓦坎（Teotihuacán），就好像古希腊之于罗马。"温特说。

开车离开库里班村途中，我感叹着墨西哥饮食的历史渊源。一般人谈到哥伦布以前的美洲烹饪，往往都把重心放在阿兹特克人身上，可是阿兹特克迟至13世纪才进入墨西哥谷，只比西班牙征服者早三百年。而萨巴特克人的饮食革新却是耶稣纪元以前的事了。更惊人的是，在与外界隔离的瓦哈卡村庄里，至今仍能找到纯正古中美洲风味的美食。

古味酪梨酱：

2000 年前的酪梨酱可能是这个味道。剥皮绿西红柿的酸味正可弥补古人没有柠檬的缺憾。高山辣椒（serrano）是子弹形状的绿色辣椒。

许多美国人为了讲究"低脂"，放弃了油煎玉米饼，而改吃干烤的。这些"新主张"的烤玉米片与源自阿尔班山的烤玉米饼是相同的。

3 个大的剥皮绿西红柿

2 个酪梨

半个高山椒，切碎（用哈拉佩诺椒亦可）

1 小盘烤玉米片

在小的深锅中放 4 杯水，煮沸。放入剥皮西红柿，关火。让剥皮西红柿在沸水中浸 5 分钟，或浸至软化为止。取出西红柿，放入搅拌机打成泥后放入冰箱冷藏。

将酪梨对切，用汤匙挖出果肉。酪梨肉与切碎的高山椒放入大碗中拌匀，加入冷的西红柿泥，再拌至均匀。

端上桌配烤玉米片吃。

野中之野

在明尼苏达州中部的沼泽地，我们在绿头鸭湖（Mallard Lake）上划着独木舟，船头在高而细瘦的草茎中间划开一条路，船过之处水无痕，草茎又缓缓合为一片绿幕。我在独木舟上站起来看，四周湖面好似绿草如茵的平地。同船的唐·韦德尔（Don Wedll）是"千湖奥吉布瓦保护区"（Mille Lacs Ojibwe Reservation）的自然资源专员，他为我导览，并解说菰米这种水生草本植物的生命周期。

收割时期，菰米籽会掉落在湖水里，韦德尔说，这些籽在水里发芽，到了4月就有绿叶冒出来。绿头鸭湖水深平均3—5英尺（0.9—1.5米），菰米大约生长1个月，叶子就高及水面了。到了6月，叶子长得像一条条绿缎带，会在水面上铺开，这是漂浮期。到了7月初，在空气中生长的叶与茎开始高出水面，并且开花。此时是7月下旬，湖面看起来就像一片绿草地。

8月里，菰米长出紫红色的籽实，水面以上的菰米株可以高达8英尺（约2.4米）。籽实在9月间成熟后会"脱落"，从株茎上掉下来。奥吉布瓦印第安语的8月叫作"马努米尼克·吉契斯"（Manoominike-Giizis），意思就是"收米月"。昔日的奥族人会在这个时候来到湖畔扎营，白天的时间都在采收菰米并进行处理。

如今的奥吉布瓦族人仍然会到绿头鸭湖这样的地方采收野菰米，两个人一前一后共乘一只独木舟，后面的人站着瞭望导航，前面的用两根棍子把菰米株钩向舟身，再将成熟的实粒打在独木舟的船板上。"奥吉布瓦族采取的方法很没效率，"韦德尔说，"让很多野菰米的籽实都掉到湖底，但也提供了下一次的收成。"菰米湖原本是由阿尔贡金族（Algonquian）的其他部落所占据，奥吉布瓦人居于东边的森林地区，18世纪中叶，奥吉布瓦人才将这片湖沼地区据为己有。

年成若好，明尼苏达州的湖泊河川菰米总产量大约有100万磅（约45万公斤）。自然生长的野菰米产量却不会增加，不但不会增加，野生菰米生长的沼泽地反而正在减少。韦德尔估计："这一百年来，菰米沼泽面积大概缩小了一半。"兴建水坝、水位改变、房地产开发以及水质优养化，都影响天然菰米的生长。曾几何时，这些湖沼地也曾是丰收惊人的。

"以前的人怎么吃菰米？"舟行过湖面时我问道。

"怎么吃吗？"韦德尔笑了，"可以用水煮来吃；可以放进热锅，做成类似爆米花的点心；还可以加枫糖和野莓煮成布丁。但是最为人们津津乐道的吃法是，与野味一起用小火炖成的菰米浓汤。明尼苏达州所有餐馆菜单上都有这一道，名称是野菰米汤。只不过大多数餐馆用的菰米都不是野生的。"

"你在杂货店买的那种黑黑的米不是真正的野菰米。"韦德尔声明，"在这种湖里采收的菰米，和人工种出来的菰米差别可大了。"

人工种植的菰米开始上市，是在 20 世纪 60 年代晚期。当时明尼苏达州农民在传统稻田中首度成功栽培出菰米，成熟的菰米可以用收割脱谷机采收。加州的农民于是跟进，不到十年，农民收成的菰米就比野生的收成多了十倍。如今，商店里卖的菰米几乎一律是为出售而栽培的成果。

"在明尼苏达州以外的地方几乎不可能找到天然菰米，除非你到印第安保留区去买。"韦德尔说，"我们这儿仍然可以吃到。"农民种的菰米刚推入市场的时候，售价和手采的野生菰米是一样的。这种利润使菰米成为普及的栽培作物，菰米田的面积大增。至 1985 年，加州栽培的菰米达到 830 万磅（约 370 万公斤），明尼苏达州的产量有 500 万磅（约 220 万公斤）。因为供过于求，1986 年的菰米价格惨跌。

菰米成为栽培作物，对于奥吉布瓦人造成经济上的打击，有人认为奥族人精神上也受了打击。例如，1988 年出版的一本《菰米与奥吉布瓦人》（*Wild Rice and Ojibwe People*）之中，小托马斯·文努姆（Thomas Vennum Jr.）描述了菰米在奥吉布瓦文化、神话、宗教仪式中的重要地位："它曾被赋予精神意义，当初被发现也伴随有许多传奇故事。它既是粮食，也是仪式中的用品。……因此，许多奥吉布瓦人认为，非印第安人把这项资源作商业利用是莫大的亵渎。"

默特·莱戈（Mert Lego）曾任利奇湖保留区（Leech Lake Reservation）奥吉布瓦族菰米总监。他说："人工栽培的菰米一度使我们关门大吉。现在我们卷土重来了。"为了要改变人工种植的菰米营销方式，莱戈带头采取过多次法律行动。明尼苏达州的新立法（也是奥吉布瓦族发起的立法）规定，州境内出售的菰米都必须在包装上标示"手工采收"或"人工种植"。其实这还未能符合奥吉布瓦人的要求。莱戈说："我们一直想禁止他们用'wild'这个词（菰米英文名称'wild rice'的字面意思是'野生米'），可是我们无能为力。其实人工种植的米不是野生的，不过，这其实也不是米，是一种草。"

明尼苏达大学的农艺学家欧文·奥尔基（Ervin Oelke）博士，从1968年起就与菰米种植者合作，对于名称之争十分清楚。他能体谅奥吉布瓦人的立场，并且也认为用"野生米"的名字营销人工种植的作物也许有误导之嫌。可是这个名称是一个瑞典人在1753年间决定的。奥尔基无可奈何地耸耸肩说："林奈（Carolus Linnaeus, 1707—1778）叫它野生米，我们还能怎么样呢？"

"本来的奥吉布瓦语名字是马努敏（manoomin），意思是好浆果，"奥尔基解释，"最初的欧洲殖民者叫它野生燕麦、乌鸦燕麦、水草，好多不一样的名称。后来定下来的名字是法语的'野生米'。到了18世纪，野生米已经是贸易货物之中一个项目的固定名称。""科学界也有人觉得用'野生米'的名称不妥，"他继续说，

"我们做研究的人讨论过在'野生'和'米'之间加一条短线的做法，做研究的人担心的主要是可能造成混淆。因为，我们如果叫菰米是野生米，那么野外自然生长的真正米类植物又该叫什么？"

林奈拿到别人从美洲携回的菰米标本后，选定了野生水稻（*Zizania aquatica*）的名字。北美洲产的其他菰米品种还包括濒临绝迹的得州中部流水菰（*Z.texana*），以及一度在美国南部普遍生长的一种菰米——*Zizaniopsis miliacea*。现今植物分类学家区分了明尼苏达州和威斯康星州的菰米产地品种，南边的是植株较高、叶片较宽的水生菰（*Z. aquatica*），北边的是籽实较粗短的 *Z. aquatica angustifolia*。

菰米是北美洲唯一的原生谷类。一般农作的谷类是用精选过的种子栽种的，菰米本来就是自然生长的，所以一直保持原生品种未变。奥吉布瓦族的发言人为了区别原生菰米与栽培菰米，曾经声称奥尔基等农艺研究者做了基因改造。

"所谓改造，其实是很微幅的，"奥尔基回应，"按确切统计，只改造了两个基因。"这种基因改造影响的是籽实脱落的性能，改良品种的菰米是农艺学家所说的"籽实不脱落"菰米，结实后留在植株上的时间变长，可便于用收割机来采收。

"各地湖水里自然生长的菰米基因本来也有差别，"奥尔基说，"老一辈的人会说某些湖里生长的菰米比较好，有些湖里的菰米采收起来比较容易。我们曾经提议要研究各个湖里菰米的品种差异，印第安人却反对。他们说：'你们只会拿研究得来的信息去改良你们的栽培品种。'"

"每一次要把一种植物从原生环境拿出来加以利用，就会遇上这种道德上的两难。"奥尔基说，"身为一个科学研究者，我想知道的是，这种食用植物的适应力会有多强。在气候冷得不适于其他谷类生长的地方种植它，也许能成为重要的粮食来源。菰米非常适合在天冷的沼泽地生长，甚至可以一路往北到加拿大的北部。就科学的立场而言，这是我们应该使用的资源——这是哲学的观点。从另外一个角度看，要考虑的是我们想要帮助的人——明尼苏达州的农民和奥吉布瓦族人的经济利害。把菰米推广到全世界，对他们会有什么影响？"但种子的流向是你没法控制的，据奥尔基说，如今远在匈牙利和澳洲都有人工种植的美洲菰米。

匈牙利产的菰米尤其令奥吉布瓦族人不悦，因为产品的包装上写着"印第安米"，而且促销文宣上还有印第安人划着独木舟的图片。莱戈说："我们两年多前提出法律诉讼，却一直没有下文。"

栽种的菰米和野生菰米究竟有没有质量上的差别？我问韦德尔。为了回答我的问题，他带我去了千湖保留区赌场的餐馆"北方烧烤"（Northern Grill），这儿可以吃到手采的野生菰米。我点了菰米浓汤和烤鱼菰米饭。菰米浓汤很好吃，不过我不觉得和平时吃到的菰米有多大差别。烤鱼菰米饭虽然只是白煮的，却令我大开眼界。米粒有我预料中的核桃香味，但是比我以往吃过的都松软，每一粒都裂开了，裂开的两边卷曲，使米粒看来好像一只只小蝴蝶。整盘米饭里没有一粒是闭紧的。这米饭的质地有意大利面的那种嚼劲，确确实实是我吃过的最美味的菰米。

"水田种的菰米和湖里长的菰米的真正差别，其实只在处理的方式上。为出售而栽种的菰米大都烘干至发黑为止。印第安人却说，只有懒人才吃黑菰米。黑掉的菰米比较耐放，但煮的时间比较长，而且永远煮不软。"

按传统的奥吉布瓦处理方法，采收下来的菰米要放在阳光下晒干，然后用锅以文火烘至外皮裂开为止。之后，将菰米放在铺了鹿皮的穴里，由穿着干净鹿皮靴的人来踩，使外壳脱落，这个过程叫作"米上舞"。末了，要把踩过的菰米在空中翻扬，让风把米皮吹掉。目前仍有少数奥吉布瓦族人用这种古老的方法处理菰米，他们称这种成品为"家乡味菰米"，奥族人莫不偏好这种米。

我打了电话向贝思·纳尔逊（Beth Nelson）请教栽种的菰米为何是黑色的问题，她乃是明尼苏达州栽培菰米理事会的执行长。她的回答是："因为市场需求的是黑色菰米。"人工栽培菰米的主要市场来自销售混合米的公司，他们指定要黑色。

这个说明也不无荒诞的道理。我自己就曾经在超级市场里拿起小包装的混合米摇晃，想要看清里面的黑色米粒多不多。我想别人一定也和我一样。假如卖家用的是淡色的菰米，即便这种菰米风味更佳，销售的行情反而会不好，因为买的人无法一眼就看出来自己花钱买到的东西是不是货真价实。

但是野生菰米跟人工栽种菰米的区别真的就只是颜色而已吗？难道土壤、气候以及农业化学药剂不会产生一些影响吗？

一位明尼苏达州的主厨向我打了这个比方："就像坊间贩卖的普通鸡肉和放养土鸡肉之间的差别一样，大妈家后院活蹦乱跳的土鸡肉尝起来当然比一般市售的鸡肉味道要好很多。市售栽培菰米的质量可靠，不过如果你想要一点特别的，想尝尝我们祖父尝过的滋味，那就一定要试试野生菰米。"

我微笑地听着这位主厨继续他那一番情感澎湃的说法。我还是实话实说：若论味道与口感，我喜欢淡色野生菰米甚于黑色菰米。而我尝过的栽培菰米又只有黑色的那种，我必须说我还是比较喜欢野生菰米。

煮熟的野生菰米：

　　1 杯野生菰米加半茶匙盐以及 3 杯滚水烹煮 25 分钟，煮至软。栽培菰米则必须煮上 45 分钟或更久。

菰米浓汤：

利奇湖野生菰米公司在每个包装袋上都附有菰米浓汤的基本食谱。

2 杯煮熟的菰米

1/4 杯牛油

半杯切碎的嫩洋葱

1/4 杯面粉

3 杯鸡汤

半杯雪利酒（不用亦可）

1 杯掺牛奶的稀奶油

1 汤匙切碎的荷兰芹

用 3 夸脱容量（约 2.8 升）的深锅将牛油溶化，加入嫩洋葱，加面粉搅动。鸡汤（与酒）边倒入边搅，煮至滚。加入熟菰米。改小火慢炖 10 分钟，偶尔搅动。加入稀奶油与荷兰芹，立即上桌。

第二章

他吃的那个我也要

臭水果

"再吃一点，吃嘛，越吃会越爱吃。"泰国籍的主人们微笑着鼓励我。面前的盘子上摆着好几块软软的、浅黄的榴梿，那也是我所吃过最滑腻最甜的水果。我已经吃了一瓣了，只觉一股鸡蛋发臭了的气味强烈难当。强忍住要作呕的反应，我取了第二瓣再吃了一口。

我觉得自己在出丑。我正在泰国前任国防部次长普拉巴蓬·维乍集瓦（Prabhadpong Vejjajiva）府上的大客厅里，这座富丽堂皇的府邸位于盛产榴梿的庄他武里府（Chanthaburi）的一个榴梿农庄的中央。府邸的名号"巴恩·克拉敦·东"（Barn Kradum Tong），意思是"金纽扣之家"。"金纽扣"乃是一种成熟期早的榴梿，曾经为这位前副部长赚了不少钱。有个美国人第一次吃榴梿的消息引来一群围观者。整个客厅里只有我面前摆了一盘榴梿，我胆怯地试吃时有人拿起照相机来拍。

榴梿（荷兰文叫作 stinkvrucht，即"臭水果"）是那种乍看令人厌恶却有人非常喜欢吃的东西。西方人初尝榴梿，是亚洲人眼中十分好笑的事。而我因为过度自负，使这个"笑果"加倍。我是身经百战的美食作家，爱吃熟过头的奶酪、辣死人的辣椒，而且把吃虫子、吃寄生于船底的甲壳动物、吃羊脑都视为职责所在，所以自以为能在初次品尝榴梿的情况下当众吃完一整个。结果很丢脸，我连一两瓣都吃不完。

榴梿的长相（以及气味）与我能想到的任何欧洲水果都不同。整个的榴梿果体积和人的脑袋差不多，外皮布满坚硬的棕色棘刺，看起来像是一只刺猬。光滑而发出臭味的果肉有粉红、浅黄、橘黄等多种颜色。籽包在果肉里，果肉区隔为五个部分。我吃的这种榴梿是有小瓣的，但是有些品种没有。植物探险家奥蒂斯·巴雷特（Otis W. Barrett）曾经形容榴梿散发的香气像是包含腐烂洋葱、松脂、大蒜、林堡奶酪（Limburger cheese）以及某种辛辣树脂的成分。

榴梿的原产地是婆罗洲和苏门答腊，大约是在四百年前成为缅甸重要的贸易商品，并且受到缅甸王室的眷宠。榴梿有上百种栽培的品种，买卖最热络的三种是成熟时令早的"金纽扣"、成熟期居中的"金枕头"（Golden Pillow），以及成熟期晚的"玛东"（Matong）。行家们偏好的是玛东。

世人所吃的榴梿大多产自泰国和越南南部。现在亚洲各地的买主却渐渐指名要买"新加坡榴梿"，这令普拉巴蓬·维乍集瓦以及泰国其他种植榴梿的人相当困扰。据他说，这种情形是精明的营销策略造成的。新加坡这个小岛国供应订单之迅速、送货不逾期限、能将产品促销到全世界，可是大大有名的。这也是为什么他们向日本及他国销售"新加坡榴梿"可以创下这么好的成绩。"其实新加坡根本不产榴梿！"普拉巴蓬·维乍集瓦愤愤不平地说。

我说榴梿是东南亚的热门水果，还嫌轻描淡写了些，榴梿在泰国可是号称"水果之王"的。每年的采收季，来自日本和亚洲其他国家的观光客就到泰国的榴梿产地参加榴梿之旅和榴梿嘉年华。据我猜想，也许是因为这些观光客对榴梿爱不释手，所以多家航空公司都有著名的"禁止榴梿登机"规定。听说有些大饭店和大众运输工具上也有"榴梿免入"的标示。

在美国的公共场所吃榴梿倒不成问题——目前尚没有问题。不过美国人也许要有心理准备，说不定哪一天自己的小区里就会出现榴梿了。按泰国外销产品部的统计，美国目前已是全世界冷冻榴梿的最大买主，而且榴梿市场正在扩大中。以1996年计，美国人在进口冷冻榴梿上花了将近690万美元，1999年的进口量增加到880万美元。进口冷冻榴梿大多在美国大都市由亚裔经营的市场出售，风味远不及新鲜榴梿。

截至目前，新鲜榴梿出口美国仍然行不通，因为榴梿耐不住必要的检疫过程。不过，想吃新鲜榴梿的亚裔美国人不必灰心，将来榴梿也许能在美国栽培成功。

正在修读夏威夷大学博士学位的苏摩丝克·萨拉佩琪(Surmusk Salakpetch)说，她已经看见榴梿树在夏威夷生长茂盛的状况。她目前仍在庄他武里府的"园艺研究中心"工作，地点距离"金纽扣之家"的农庄不远。萨拉佩琪也是泰国出版物《榴梿生产科技》的作者之一。她听说，夏威夷一些旧的甘蔗农庄已有改种榴梿的打算。

假如榴梿农业真的在夏威夷扎根，我不知栽培的会是正宗榴梿饕客钟爱的臭气特强的品种，抑或是美国人比较容易接受的气味较淡的品种。现在虽然已有无臭味的品种生产上市，却一直乏人问津。亚洲人还是比较喜欢有股臭味的榴梿。新加坡人和马来西亚人甚至特别爱吃一种腌过的榴梿，味道比新鲜榴梿还臭。

榴梿的臭味是一种酶制造的。这种酶能分解蛋氨酸与胱氨酸，这两种氨基酸都含有硫，分解之后变成气味浓烈的硫化物和二硫化物。为求进一步理解这些化学成分，我请教了在美国农业部所属西部研究中心（位于加州）工作的化学家罗恩·巴特里（Ron Buttery）博士。据他说许多水果的气味中都含有硫化物，例如葡萄柚就含有微量。这种硫化物是现今所知最刺鼻的有味物质。巴特里博士在档案中翻了一阵，找出一份榴梿气味的研究报告。据该报的研究者内夫（R. Näf）与韦吕（A. Velluz）指出，榴梿含有 43 种硫化物。其中主要为乙基丙基的二硫化物（洋葱之中亦有）、二烷基二硫化物（大蒜中亦有）以及二乙基二硫化物。巴特里还说，臭鼬释放的也是类似的硫化物。

我很意外自己会对榴梿有这样的反应，那作呕的感觉完全不由自主，想忍也忍不住。一位在美国生活的泰国籍朋友用他自己对奶酪的反应为例，教我看清了个中道理。他说，他在泰国度过的童年时期从未吃过乳制品，对他而言，奶酪的气味臭到极点，即使他有心品尝含有奶酪的食物，也不能捏着鼻子硬塞。

为什么会这样？某些文化中生长的人所喜爱的臭味食物，为什么会令在另一些文化中生长的人感到恶心？我拿这个问题请教保罗·罗赞（Paul Rozin）博士，他是宾州大学教授，专研生物文化形成的饮食习惯及其好恶的心理学。

"榴梿和蓝霉奶酪都有腐烂的气味，让大多数的人感到厌恶。"罗赞博士说，"但是这种反感不是与生俱来的。我认为，这种作呕的反应是每个人在可能像是幼儿期受大小便训练的后天学习过程中养成的。"他指出，婴儿会玩自己的排泄物，一般动物也不会对粪便特别反感。我们在社会化的过程中学会厌恶有腐败气味的东西，如果又臭又稀软——像蓝霉奶酪和榴梿果肉，反感就格外严重。

罗赞又说，许多文化中都有少数几种有腐败臭味的东西成为人们偏爱的美食，这又要令人费解了。例如欧洲人爱吃奶酪，亚洲人爱吃腐鱼酱和榴梿，伊努伊特人（Inuit）爱吃放臭的鲸鱼肉，这些东西虽然难闻却不难吃。食物本身并没有气味散发的那种腐坏性质，所以吃的人会觉得是享受——是吾人生理反应说不、头脑反应却说"OK"所带来的享受。

罗赞称之为"心理驾驭生理的经验"。

"所以这是寻求刺激的行为了？"我问。

"这当然和寻求刺激相关，"他说，"但是寻求刺激只说出过程，没点出原因。"

"那么原因是什么？"我又问。

罗赞说，许多事物是乍看时会想避开的，可是人类总能对这些事产生强烈的喜好，比如坐云霄飞车、看悲伤的电影以及吃蓝霉奶酪和榴梿。

"是我们自己疯了，"罗赞咯咯笑了，"还有什么好说的？"

天国的滋味

康吉鳗羹之颂（聂鲁达作）

在风暴摇荡的

智利

海

住着玫瑰色的康吉

巨鳗

生着雪般的肉。

在智利的

炖锅里，

沿着海岸

诞生了烩鱼羹，

浓而鲜美

是人类得到的恩赐。

你拿一条康吉鳗，剥了皮的，

到厨房里

（它斑驳的皮脱下

像一只手套，

离开海的深紫

暴露在世界前），赤裸的，

柔软的鳗

闪烁着，

准备好

伺候我们的胃口。

现在

你拿

大蒜，

先，抚摸

那宝贵的

象牙色，

嗅

它发怒的芳香，

然后混入剁碎的蒜

与洋葱

和西红柿

直到洋葱

是黄金的颜色。

同时蒸起

我们华丽的对虾

等到

它们

软了，

当味道

沉入汤汁

融合了

海的烈酒

和洋葱的明亮释出的

清水，

你便放入鳗

使它能浸入光辉

能渍入

锅中的油中，

皱缩而饱和了。

现在就只剩下

滴一团奶油

进入这一锅

沉重的玫瑰色，

然后缓缓地

送

这宝物到火上，

直至鱼羹

温暖了

智利的精华，

到桌上，

刚刚结合的，

陆与海

的味道，

从这一道羹

你便能认识天国。

从远处看，码头上 70 多艘木质渔船上下颠动的景象就像一个只有 3 只蜡笔的小孩子着色的图片。每只船都是船身浅黄，甲板是矢车菊蓝，镶边则是绿的。这是从奇洛埃岛（Isla Chiloé）北边海岸的安库德镇（Ancud）来的渔船的识别色。

我走过码头，迎面遇上的是一头爱尔兰猎犬在那儿打哈欠，伸懒腰。水面平静，晨雾和海水一样是灰色。我站着张望，一队潜水夫走来，每人都拎着一个调节阀和一只装了面包和柠檬的塑料袋。有人招呼我上船。我踏过另外三条船的蓝色甲板，躲过燃烧木头的阵阵白烟，才走上这条命名为"塞巴斯蒂安"（Sebastiana）的船。大副邀我一起到主甲板下面的小舱里，这儿有一个大肚子的炉子，他拨了炉火，烧起一壶水。在启动引擎或检查压气机之前，必须先打理第一件要务——煮咖啡。

船上的两位潜水夫觉得好玩又好奇地打量着我，搞不明白我为什么跑到智利南部这个偏远小岛来和一艘捞蛤的船出海。大副递给我一杯咖啡，捞蛤的船队陆续出航了，我便试着向同船人员说明自己跑到安库德来做什么。我的西班牙语并不灵光，其实就算让我用英文解释，也不见得能讲得多么明白。

我到这儿来的真正原因是听多了海鲜的故事。开端是在几年前，一位南美籍的朋友把智利的海鲜捧到天上。"那是全世界最好的，"他说得信誓旦旦，"各式各样的鱼、蛤蚌、虾、螃蟹应有尽有，很多是你从来没见过、从来没听过的。"听着他讲，我脑中浮起《海底两万里》（*20000 Leagues under the Sea*）之中的那些奇幻动物，好像每一个看来都很美味。

又认识了一位从火地岛（Tierra del Fuego）回来的朋友，他放了智利渔人的幻灯片给我看，谈起靠智利这边的巴塔哥尼亚（Patagonia）有个小村子，村民的生计全靠采集一种叫作"皮可洛可"（Picorocco）的贝类来维系，这"皮可洛可"乃是人间美味，全世界只有那个地方有。我要他形容一下它的模样。"看起来有点像介乎螃蟹和藤壶之间的东西，"他说，"可是味道比较像龙虾。"

之后不久，我就浏览各种智利旅游指南，看到其中描写的那些养蚝场，那些美妙的叫作"库蓝多"（Curanto）的海鲜野宴——各种蛤蟹放在地上挖的一个大洞里盖上叶子烧来吃，我就垂涎三尺。

然后我就看到了聂鲁达的这首食谱诗《康吉鳗羹之颂》（*Ode to a Caldillo de Congrio*）。全诗写的是一道朴素的农民鱼羹，结尾却说："从这一道羹／你便能认识天国。"我再也按捺不住了。假如真有一个人间的海鲜天堂，上天为鉴，我是非去走一遭不可的。

刚抵达圣地亚哥的时候，这个城市之美差点让我偏离追求海鲜的轨迹。古老的西班牙式建筑和优雅的公园，都令我想到巴塞罗那，不同的只是圣地亚哥市四周环绕着安第斯山脉的雪峰。路边咖啡座上有衣着考究的美貌女士，朝着驾驶本田讴歌和宝马而过的英俊青年抛媚眼。

拉丁美洲国家的首都以往给我的印象都是穷苦与富裕并行、犯罪猖獗、公共设施破旧。这种先入为主的观念，使我在毫无心理准备的情况下面对这么一个富饶优美的拉丁美洲都市：圣地亚哥是忙碌却又整洁的，有冲劲却近乎无犯罪的。

腹中咕噜作响让我很快就把市中的美景抛到脑后，想起我的晚餐之约。我与圣地亚哥的几位顶尖美食专家都有共餐之约，此乃我的一项战略。当晚我来到热门的餐馆"阿基·埃斯达·扣扣"（Aquí Está Coco），与智利首席的餐馆评鉴者劳拉·塔皮亚（Laura Tapia）同桌。谈话中，她指点我在圣地亚哥该去什么地方吃，该点些什么吃。

此刻在餐馆里，我已不必等她指点我，开口就点了"皮可洛可"的开胃菜。端上来的一盘是条状的海鲜肉配牛油酱汁，肉上面还架起两只钳爪似的突出物。我举叉吃了一口那白色的、有龙虾风味的肉条，一面观看着这两只附属物，猜不出活的整只"皮可洛可"会是什么样子。但是我已经可以确定，长在这对钳子上的丰腴白肉是我新添的最爱。

"这是爪子吗？"我问塔皮亚。

"不是，是尖嘴。"她答。

"'皮可洛可'长什么样子？"我再问。

"嗯，它们是住在小公寓里的。"她再答。显然是翻译没弄对意思。我看着那尖而弯的嘴，想着小公寓，猜不出"皮可洛可"的长相。

塔皮亚从她自己的盘子拣出一个蚝给我。

她说，世间如果真有海鲜天堂，不会在圣地亚哥，而是在更南的奇洛埃岛，这蚝就是奇洛埃岛来的。"注意它个头小，肉唇是黑的，"她说，"这种蚝是全世界最好的。蚝肉非常好吃，但是我因为塞了一嘴的牛油酱汁"皮可洛可"，品味不出它的妙处。

我按照塔皮亚的指示，吃遍圣地亚哥一家家顶级餐馆。我尝到了"娄可"（Loco），——南太平洋的鲍鱼、"仙多拉"（Centolla）——阿拉斯加的大王蟹、"蓝戈斯塔"（Langosta）——智利龙虾，每一样都好吃，但是和我在北半球吃过的没有多大差别。

　　全新的经验不多，其中之一是"玛恰"（Macha），即一种味道甚猛的红肉淡菜。可惜智利烹调习惯是加奶酪烤来吃，让帕尔马干酪（Parmesan）掩盖蛤肉的冲味。倒是在一家餐馆吃到一客"玛恰"浓汤，冲得过瘾，很让我的味蕾痛快了一回。这道汤虽然精彩，我仍期待尝些更不一样的。

　　"你爱吃酸橘汁腌鱼吗？"雷内·阿克林（Rene Aklin）问我。雷内原籍瑞士，是圣地亚哥的一位名厨，也是智利鲑鱼养殖的先驱人物。智利的养鲑业只有十来年历史，如今却是全世界第二大的，每年出口鲑鱼超过 16500 万磅（7400 余万公斤）。

　　雷内身材魁梧，态度乐天，爱用英语讲笑话。他约我在一个开在私人住宅里的小馆"安娜·玛丽亚餐馆"（Restaurant Ana Maríaa）吃午饭，在这儿他点了酸橘汁腌鱼和一瓶智利酿造的索维尼翁白葡萄酒（sauvignon blanc）。

　　"这个很好吃。"我边吃边说，语气不很欣喜若狂，那是因为我在得州家里一天到晚在吃橘汁腌鱼。我忍不住说出了心里的话：菜单上没有特别的、我从未见过的东西吗？

　　雷内眼睛闪闪发光，他招呼女侍过来，点了一个"艾利佐"（Erizo）。端上桌来的是一盘看似鸵鸟舌头的东西，湿湿的、红红的、尖尖的、滑滑的，我伸叉子去取，那东西便溜来溜去。好不容易送了一块到嘴里，我嚼着，味道像无机物，有金属似的苦味，却有意大利冰砂入口即化的质感。雷内顽皮地看着我的面孔，带着"活该你自找"的笑容说："是海胆。好吃吗？"

"不好吃。"我说了老实话。就在这时候，女侍从我们旁边走过，她手中的托盘热气腾腾，人已走过，浓香不散。雷内也闻到了香味，我和他一同转过头望着，就好像那女孩是磁铁似的。

是大蒜、橄榄油还有引人好奇的鱼味加在一起的香。雷内伸长了脖子，然后满脸笑容地说："啊，这下可有你从来没吃过的东西了。"他做了个手势，女侍走过来，他便点了一碗"普伊斯"(Puyes)。

"普伊斯"端上来，是用小陶碗盛着，碗里满是热乎乎的橄榄油，还有蚯蚓似的东西。"是幼鳗。"雷内又忍不住笑了，一面就叉起满满一叉子的鳗肉。我也举叉子取，但动作比较斯文，先尝了小小的一口。

太棒了，味道像胡瓜鱼，松脆，有蒜香，调味清淡。我随即大口大口地吃，努力不去细看透明鱼体的五脏六腑。

雷内被我对鳗肉的热烈反应感动了。"你何不到圣地亚哥的大市场鱼贩摊子去看看，"他说，"平常看不到的东西那儿都有，你也可以到蒙特港（Puerto Montt）和奇洛埃岛去走一走，看一下智利的海鲜产地。"

星期六早上，阳光从铸铁的穹隆顶梁斜射下来，使圣地亚哥中央市场的大厅浴在温柔的光线里。我看着鱼贩把货物从卡车上卸下来，摆开摊子，展示出令人叹为观止的多样智利渔产。

我只觉得自己好像在观察外星来的海洋动物。一排排数不清的摊子上有大王蟹、紫蟹和龙虾、各式各样的蚌蛤，以及三种颜色的康吉鳗。海胆、泥巴块似的贝类、数十种鱼类都堆积如山。雷内给了我一份各式鱼鲜的译名对照表，但是眼前有很多是根本没有英文名称的。

终于，我来到一个满是"皮可洛可"的摊子。我当下就明白了"住在小公寓里"的意思。"皮可洛可"原来就是成群附着在岩石上或船底的藤壶，体积比我以往所见的同类东西大，却是这种藤壶类无疑。柱形的甲壳宽有3英寸（约7厘米半），壳的开口处伸出我先前见过的那个尖嘴。我原本误以为是钳子的两个弯的尖端，现在看来倒像一对龅牙，尖嘴的中间飘扬着一条长长的羽毛般的东西。

"样子很奇怪，是不是？"鱼贩用西班牙语对我说，一面爱怜地捏捏那尖嘴。这只"皮可洛可"立即把原来伸出来的嘴缩回壳里。我吃过的那白色条状的肉，就是藏在这长条的、肮脏的、形状不规则的、钙化的壳里。

我想从记忆中找出和"皮可洛可"相似的东西，结果只想到西戈尼·韦弗（Sigourney Weaver）在《异形》系列电影里战斗的那个怪物的嘴巴。我在这"皮可洛可"摊子前面站了半个钟头，呆呆地看着那数以百计的尖嘴伸出来、缩进去，那怪异的羽毛状的舌头向我招展，我简直像被催眠了。

终于，我的目光又被一位衣着漂亮、戴着便帽、拿着手杖的年长绅士吸引过去。他站在一个卖"艾利佐"的摊子前面用早餐，摊子老板把一些海胆的硬壳敲开再递给他，他便用手指把海胆肉抠出来，津津有味地吃着。他面带微笑地邀我分享，我虽然已经知道自己并不爱吃那东西，仍旧吃了一些。也许我以后会吃惯这种味道，但此刻仍觉得像在吃碘酒冰砂冻。

我想找些别的味道把留在嘴里的苦味去掉，便逛到市场一角摆了桌椅的地方，点了一杯浓咖啡。这个饮食店叫作"奥古斯都店"（Donde Augusto），虽然是早上，许多桌位上却都坐了穿着晚礼服的人，吃着鱼羹生蚝，喝着啤酒。

"那是一般的早餐吗？"我问侍者。

"不是，是对付宿醉的药，"他微笑着说，"那些人是在外面玩了一整夜的。"

我在鱼市场里又逛了两三个钟头，才返回"奥古斯都店"来领教他们的午餐招牌菜，其中之一就是聂鲁达说的"康吉鳗鱼羹"。这道热羹，有洋葱、大蒜、辣椒和大片烫煮的鳗肉，是我在智利吃到的最得意的美食之一。也许是聂鲁达的诗使我吃了它有如登仙界之感，但我完全拥护他的看法。

我正在笔记本上写着感想，一位魁梧的白发男士走来与我同坐。

他是奥古斯都·巴斯克斯·萨利纳斯（Augusto Vasquez Salinas），人称"唐·奥古斯都"，是这家饮食店的老板，因为经验老到，所以也是圣地亚哥市最懂海鲜的人士之一。他在圣地亚哥中央市场工作了40年，11年前开始经营这家馆子。

"智利海鲜的风味是举世无双的，"他赞道，"我们的海岸线有3000英里（4800余公里），海产种类比世界上任何国家都多。"

"你在圣地亚哥市看到的海产种类是最多的，因为圣地亚哥付得起最高档的价码。可是圣地亚哥不靠海，你要想体验正宗的智利海鲜，就得赶在刚捞上来的那一刻吃。明天你就搭飞机到南部去，跟着渔船一起出海。"

我听得连话也答不上来，脑中想着自己坐在一条智利拖网渔船甲板上吃生海鲈鱼寿司的模样。这时候唐·奥古斯都已经叫侍者取来他的手机。

结束手机上的谈话后，他对我说："都安排好了。明天一早坐飞机到蒙特港，我的朋友杰米（Jamie）会去接你，然后带你去逛奇洛埃岛。"

奇洛埃岛是智利文化的源泉。西班牙人征服了南美洲多数原住民族群后，这儿仍有很长一段时间一直是印第安人文化的重要据点。这儿的印第安原住民至今仍然沿袭祖先的习俗，以捞捕虾蟹等为生。几百年前，奇洛埃岛的居民只需等潮水退去，便可拾回要多少有多少的蟹蛤等。如今海边的蛤床和淤泥滩早已枯竭，必须靠潜水者入海去捞了。

昨天我去了奇洛埃南边海岸上的小镇克永（Quellón）。镇上的大街就像以前西部片中的荒凉小镇，拴在斑驳木制店铺门前的马儿迎风摇晃，呼出来的气在冷空气中变成白烟。大街只有一侧盖了房子，这些房子面对的是一道防波堤，堤下是一大片渔船停靠区。停靠这儿的船只都在以南上百英里的群岛区里作业，其间有上千个小岛都是渺无人烟的。

从克永回来的途中，我造访了奇洛埃的新渔民。"奇洛埃渔海"（Pesquera Mar de Chiloé）是一个长条形海水湾里的鲑鱼养殖场，渔民们拉起其中一个养殖栏，让我看里面的一群银色鲑鱼苗。每个深水养殖栏里有 6000 条鱼苗，用的是挪威太平洋鲑卵，在南半球养殖 2 年后，平均每条可达 9 磅（约 4 公斤）重。

环保人士一向不赞成养殖渔业。鲑鱼养殖者却说，养殖渔业可以防止世界海洋大规模的过度捕捞。养殖渔业或许是未来的风潮，奇洛埃岛印第安人采集虾蟹贝类的文化却依然故我，相形之下，呈现出奇特的对比。

杰米带我逛过一遍后，就带我回他家里享用传统的奇洛埃盛餐。他的岳母和夫人做了一道远近驰名的智利海鲜"库蓝多"（Curanto）：蛤蜊、淡菜、猪肉、香肠、鸡肉、马铃薯、肉饺全放在一起蒸食，让各种香气融成一锅无酱汁的炖汤。这道菜和美国新英格兰地区的户外烧蛤，都是早期欧洲殖民者向原住民学来的烹调法。上菜时，每人都有一碗稀的"沛布勒"（Pebre）酱汁配着吃。酱汁是用柠檬汁、水、洋葱、芫荽叶、细香葱、辣椒做的，用汤匙舀着像喝汤一样享用。

杰米虽然觉得我为海鲜着迷的态度有点怪，但却是位好心周到的导游。第二天早上他送我到了码头，便把将与我同船的人拉到一边说明我的状况。他们的反应有的不以为然，有的几乎憋不住笑出声来。采集蟹蛤是这些人的日常生活，有人要为这件事跨越南美洲跑到这儿来，他们觉得匪夷所思。

总之，现在船到了海上，潜水者下到20英尺（6米）深的水中去工作，我们坐在随波浪起伏的船上等候。大副在舱里看电视播出的游戏比赛节目，我在前甲板上晒太阳。想到昨天吃的"库蓝多"，蛤蜊有香肠味，香肠有蛤蜊味，我嘴里涌起唾液。我这才想起，今天早上没吃早餐，我饿了。

我可以看得出来潜水者在水中的位置，因为他们呼的气吐成深绿色的大泡泡浮上水面。他们不戴深潜的呼吸器，不穿浮力背心。和旧式戴头盔潜水的方式一样，他们使用空气管连接到船上的气压机。

"塞巴斯蒂安"号的底舱装了几百磅的蛤蜊之后，潜水夫又在采一些我听都没听过的海产。天空已经变蓝了，太阳驱散了晨雾，安库德来的船队已经开始掉头回码头了。

终于，潜水的人们浮上来，把他们采获的东西往船上抛。他们采来的是在圣地亚哥鱼市场看过的好似泥巴块的介壳类，一簇簇的。大副说它们是"皮乌雷"，并且帮我在笔记本上写了"piure"这个陌生的字。我摸了它们，有点像硬掉的海绵，按下去有一点点软度。

我们的船收好装备，和其他的船一同掉转回码头的方向。这时候大家都拿着柠檬和面包聚拢来。他们把蛤蜊撬开，洒上柠檬汁，吃起生猛海鲜来。这些刚离海底的蛤肉，凉凉的，加上海水的咸和柠檬的酸，肉质鲜嫩而清脆。有人把"皮乌雷"一切两半，棕色的外壳里面有几枚较小的蛤，每枚里面有一小团鲜红的肉，潜水夫们都毫不犹豫地把它抛进嘴里。然后，他们邀我也尝一尝。

这味道很冲，虽不像海胆那么苦，却有奇特的刺鼻鱼腥。"死人也给熏活过来啦！"有一个人用西班牙语说。我也有同感。我连吃了两个大蛤，想把"皮乌雷"的味道压下去，可是随后又吃起"皮乌雷"。他们问我是不是喜欢上这味道了。我笑着答，肚子饿了，什么味道都爱。我来到这儿，是为了寻找不一样的味道。现在却觉得品尝新鲜味道不是多么重要，和这些现代采蛤人共度一天的经验，比吃到他们采来的任何奇特海产都更新鲜，更让人兴奋。

我们和其他渔船并排回航，一面吃着蛤蜊和"皮乌雷"，顺手把蛤壳扔回大海。头顶上是巴塔哥尼亚的碧蓝天空，一波波卷云远望好似白浪。奇洛埃岛绿丝绒般的崖岸就在船右舷几百米之遥，每有巨浪拍岸，那绿色就闪烁点点。

在平静的灰色海面上，满载蛤获回航，这单纯的日常作业使我体验到的古老文化洗礼，和我脚下的柴油引擎的震颤一样实在。我想，聂鲁达的鱼羹颂就是对采蛤人的讴歌。我望着他们，湿湿的潜水服还穿在身上，正吮食着海水般冰凉的蛤肉。我深刻体会到我所向往的"天国的滋味"，原来就是别人每天都在吃的那一顿午餐，这正是神的赏赐啊！

仙人之果

我在蒙特雷往墨西哥市的直达火车"巨山"号（El Regiomonta.o）上醒来，火车正爬上圣路易斯波托西（San Luis Potosí）郊外的山坡。我拉开卧铺的窗帘，早晨的阳光逼得我眯起眼睛。这乍来的光亮，把窗外的景象像照片般印入我的记忆。只见一位穿着白衣的农人朝着火车望，他背后是梯田般整齐的仙人果农地，一株株树木高度的仙人掌沿山坡排成行，斜射的朝阳下，鲜绿的圆形茎片和胖胖的紫色果实都在发亮。

几天后，我在墨西哥市占地广大的"优惠市场"（Mercardo Merced）逛着参观农产品，那张照片又在我的记忆中出现。一位女士站在那儿，旁边整齐堆成一大摞的，都是仙人果枝干上采下来的一个个厚茎片，总重大概有几百磅。这位女士戴着橡胶手套，用一只削马铃薯皮的刮刀耐心地刮着厚圆片上的刺。

仙人掌茎在美墨边界两边通用的名称都是"nopalitos"，可以当蔬菜食用，一般做法是与洋葱、大蒜或奶酪同炒。不过，炒来吃之前，必须加以处理，把一簇簇的小刺刮干净，这些刺的末端还带着钩。

我在旁边的菜摊子上买了一颗紫色的仙人果，这是已经除了刺的，中间也已切开，吃起来很方便。墨西哥人称仙人果为"土那"（tuna），它的味道有点像香瓜，果肉里面有很多籽。我尝了之后才知，急忙想把籽吐在纸片里，引起四周的仙人果贩子一阵大笑。一位满脸是笑的"土那"贩子用哑剧的动作示范给我看：籽不能吐掉，要咽下去。这些籽并不小，而且嚼不碎，结果我只得像吞药丸似的硬咽下去。

回家途中，车子驶过南得州仙人果丛生的广大地区，我又想起那农人在仙人掌田中的身影。我在得州墨西哥风味的馆子里吃过"土那"馅的墨西哥卷饼，也在一些超级市场里看过仙人果，但是从未在美国见过仙人掌农庄。美国有这种农庄吗？抑或是，得州即便到处长着仙人果，却要从墨西哥进口？

到家后，我拨了几个电话，打听有没有人了解仙人掌农业。农产业界的朋友推荐了杰伊·麦卡锡（Jay McCarthy）。他是圣安东尼奥市的一位主厨，据说他正在用仙人果和仙人掌茎片创新菜式，打

　　　　　　　吃的大冒险

算出一本仙人掌食谱，餐饮业已经有人称呼他"仙人掌大王"。所以我便在夏末时节来到圣安东尼奥拜访他，听他讲讲为什么爱仙人掌成痴。

麦卡锡是瘦高个子，一头卷发，讲起这故事连他自己都觉得好玩。他是在牙买加长大的，那儿的酒吧和餐馆常会摆出盛着朗姆酒和水果的大玻璃瓶，既是装饰，也是用来调潘趣酒的材料。麦卡锡在圣安东尼奥的河滨道（River Walk）开的餐馆也是这样的装饰，他用的是大约5加仑容量的大玻璃瓶，既然位处美国西南部，他觉得不妨用墨西哥龙舌兰酒取代朗姆，最适合泡在龙舌兰酒之中的水果，自然非仙人果莫属了。

于是他订购了几箱"土那"。紫色的"土那"在龙舌兰酒里泡了没几天，就把酒液染成深的猩红色，在有阳光的吧台上煞是好看，麦卡锡用这带仙人果味的龙舌兰酒，加上打成泥再滤渣的果肉，制成血红色带酸味的鸡尾酒，令他十分满意。他将这冷冻仙人果调成的玛格丽特鸡尾酒（margaritas）命名为"仙人掌丽特"（Cactus Ritas），并且列入菜单。

这客鸡尾酒很快就成为全圣安东尼奥的热门话题，麦卡锡的餐馆每星期供应的仙人掌丽特可能多达1500杯，所以他每星期需要用50箱每箱15磅（6.7公斤）重的仙人果。在墨西哥仙人果采收季的7—9月，这不成问题，每箱售价只在12—15美元。但是，旺季一过，一箱可以贵到60美元，而且还不一定买得到。

可是麦卡锡非得找到仙人果不可，于是他去找其他的货源，而且探听到彼得·费尔克（Peter Felker）博士。费尔克在国王城（Kingsville）的得州农业机械大学（Texas A&M University）任教，正在研究如何使仙人果成为得州的商品作物。当时他已经协助农民实栽农机大学研发的无刺仙人掌茎的新品种。

麦卡锡告诉我，费尔克每年主办一次对仙人掌农业有兴趣人士的座谈会。再过几星期就是今年的座谈会了，按麦卡锡的意思，我既然想多了解仙人掌的栽培，就该去参加。因此，到了开会的日子，我开车来到国王城，客串了座谈会一员，在会中还认识了来自以色列、墨西哥、南美洲的仙人掌专家。

我在会中得知，仙人掌果虽然是世界各地半干旱地区（年降水量10—20英寸）的食物来源，美国的相关科学研究却大多以如何消灭这类植物为主。费尔克的仙人掌座谈会走的是另一种方向，他邀集了农民、牧场主人、科学家、餐饮专业人士，一起把仙人掌当作一种农产品来研究，而不当它是碍事的东西。

罗伯特·米克（Robert Mick）是来自辛顿（Sinton，在得州南部港市科帕斯克里斯蒂的郊外）的农人，他说："我刚种了10亩的食用茎仙人掌。80年前，我爷爷曾经耗了10天工夫清除我家农地上的仙人果，现在我倒要种它。"种仙人果是不需要上乘农地的。农民会对栽种仙人果感兴趣，主要原因就在于，次等土地种别的作物会失败，种它却能成功。甚至在贫瘠的、多岩石的土地上栽种，每亩地也能有多达18000磅（8100公斤）的收成。

"我觉得前景大好，"费尔克对我说，"毕竟得州有7000万亩的仙人果是自然生长的。我们已经在研究十多种会结果实的仙人掌，要看看哪些品种最能耐过得州的冬天。"

座谈会期间，费尔克博士和欧洛希奥·皮米恩塔（Eulogio Pimienta）博士到得州农机大学的实验农地去巡查，我也跟着去了。皮米恩塔博士是墨西哥的瓜达拉哈大学（University of Guadalajara）的生物学系主任，也是一位仙人掌遗传学专家。两位博士切下仙人掌茎查看病害原因。

"人工栽培仙人掌在墨西哥有多久的历史？"我问皮米恩塔博士。

"据人类学家估计，大概有六百年吧。"费尔克帮我翻译道。我注意到，他们两位在工作中手指一再被刺扎到。

"你们一年之中扎进肉里的仙人掌刺一共有多少？"我请教两位专家。

"数也数不清，"费尔克说，"我们应该教一般民众的是，怎样把扎进肉里的刺拔出来。要用镊子夹出来！你用手指捏住它的时候，第一个念头会想用牙齿把它咬出来。假如你真的去咬，结果很可能就是扎到舌头。这种错你犯了一次就学乖了。"

目前费尔克仍在寻找能耐零下12摄氏度低温的结果实仙人掌品种。这也许得花上好一段时间，原因之一是，要实验的墨西哥仙人果品种太多了，有白色、浅黄色、紫色、粉红色、绿色果实的，都十分普遍。截至目前，费尔克博士要实验无性繁殖的就多达130种。

为了舒缓农业要务的严肃气氛，镇上还特别在座谈会后举办仙人掌烹饪比赛。因为我是美食评论家，所以也被推出来帮忙评审。参赛者做得不好的很少（例如有仙人掌茎配罐装炸洋葱和罐头汤的），大多数的菜式都相当好，最出色的是一道仙人掌茎与柳橙、墨西哥凉薯拌成的色拉。其他夺魁有望的如仙人掌茎馅饼，味道很像酸的苹果派，以及一道虾与仙人掌茎配西红柿酱的炖菜。仙人掌茎的口感有一点像四季豆，但吃后口中留有怡人的酸味。我本来期望有人用仙人果做炖菜，但是没人这么做。

事后我们坐在大众公园的野餐桌位上享用仙人掌美食，我终于为自己的疑问找到答案。美国究竟有没有仙人掌农庄？有，而且不仅仅限于无刺无果实只食用茎片的品种。我在墨西哥从火车窗口看见的那种仙人果园，美国也有。这令我意外，但更意想不到的是美国人栽种仙人果的缘起。

"西南部的人大都以为，吃仙人果的全是西班牙裔。"吉姆·马纳塞罗（Jim Manassero）说，他是加州的"达里戈兄弟农产公司"（D'Arrigo Bros）的执行副总裁，"其实不然。意大利人从16世纪起就开始种植仙人果，树苗是水手从美洲带去的。意大利语叫它印第安无花果（fichi d'india），在西西里是非常普遍的水果。"

达里戈兄弟农产公司是20世纪初期在波士顿成立的，创办人是在意大利移民小区推小车卖水果蔬菜的两兄弟。后来生意兴隆了，到50年代，兄弟中有一人到加州收购农地，为的是要种植意大利顾客需求量大的花椰菜和仙人果。那时候美国农人还不种植这些作物。

仙人果的生长季长达270天，如今加州仙人果田每年的收成量在300万磅（135万公斤）左右，主要都是卖到纽约、波士顿、多伦多的意大利小区。因为需求量大，仙人果田的面积正在扩大。

此外，西南部烹饪风兴起以来，仙人果也开始突破族裔文化的局限，会出新点子的主厨示范过仙人果玛格丽特、凉拌酱、果冻、冰砂之后，大家都想在家里自己照着做。生产果汁的克努森（Knudsen）推出的"莱姆仙人掌饮"（lime cactus quencher），已经把仙人果带入主流市场。这种果汁是用浅黄仙人果制作的，据克努森的一位发言人说，它的口味很像"玛格丽特"。

来自洛杉矶的农特产品批发商卡伦·卡普兰（Karen Caplan）认为，仙人果有可能继奇异果之后带领美国的新一波水果风尚。不过她赞成先改名字。奇异果本来的英文名称是 Chinese gooseberry（意即"中国醋栗"），改了新名字之后才成为市场上的宠儿。仙人果的英文本名是 prickly pear fruit（即"刺梨果"），她认为，刺梨果、"土那"、印第安无花果等名字，都不会在美国流行。

卡普兰建议，为使仙人果听来更具吸引力，农民以后应该改为cactus pear（字面意思即"仙人掌梨"）。至于仙人果里的那些硬籽该怎么处理，这位营销专家没说。

麦卡锡的仙人掌丽特：
> 10 颗大的紫色仙人果
> 1 瓶（750 毫升）龙舌兰白酒
> 碎冰
> 菜姆
> 橘味烈酒（3 次蒸馏）或橘味白酒（Cointreau）
> 仙人果去皮后，放入大玻璃罐，倒入龙舌兰酒，将仙人果完全盖住。轻盖好盖子，放 3—4 天。
> 每杯玛格丽特用一颗仙人果。果肉打成泥，滤去籽，将籽丢弃不用。
> 滤好的果肉放入调酒器，加入 1/2 碎冰、2 量杯（1.5 盎司）泡过仙人果的龙舌兰、1 量杯的橘味烈酒或是白酒、1 个菜姆的果汁。调好后即可饮用。

玫瑰本色

菜端上桌，我的女客轻轻惊叹了一声。再过几天就是情人节了，我今天做的是鹌鹑配玫瑰花瓣酱。罗拉·艾斯基弗（Laura Esquivel）的小说《恰似水之于巧克力》（*Like Water for Chocolate*）使这道菜大大有名。书中的墨西哥女厨师蒂塔（Tita）做出来的每一道菜都是她的情绪表露，她就是用她不该爱的情人佩德罗给她的玫瑰做出酱料的。我做这道菜时，觉得自己有点像在调制巫婆的魔法药，其中法力最强的就是红玫瑰。

以花为食材的烹饪并不稀奇。其实，花常常是必不可少的材料。普罗旺斯鱼汤（bouillabaisse）如果不放橘黄的番红花丝，就不能叫作普罗旺斯鱼汤了。酸辣汤不放金针，味道也会大打折扣。在新奥尔良，敬业的酒保一定不会忘记在端上拉莫斯杜松子酒（Ramos gin fizz）之前添一点橙花水。但是，上述这些餐饮之中看不见真正的花。《请勿吃雏菊》（*Please Don't Eat the Daisies*）这本食谱上就曾经说过，把整朵花放进嘴里实在有点奇怪。

大嚼玫瑰花尤其会觉得奇怪，因为玫瑰的浪漫意涵太浓了。男人送女人玫瑰的时候，大概不会预期她用这玫瑰来做色拉。事实上，玫瑰在古代就是被当成食材的。古罗马人在欢宴中撒玫瑰花瓣，不但遍撒宴客厅，也撒在餐桌、饭菜上。现今中东地区的烹饪不但要用玫瑰水、玫瑰露，仍然使用新鲜的、干燥的、蜜饯的玫瑰花瓣。又如，希腊的果仁千层酥的正宗吃法是必须加玫瑰露的。

玫瑰虽然是花店里最常见的一种花，美国人却根本不会吃玫瑰。不吃也好，因为现在的内吸性农药已经把玫瑰污染成重毒之物。《可食用花卉：从花园到味蕾》（*Edible Flowers: From Garden to Palate*）的作者卡西·威尔金森·巴拉什（Cathy Wilkinson Barash）曾说，就算你能食用现代品种的玫瑰，大概还是会感到失望。"伊丽莎白皇后（Queen Elizabeth）这个品种是淡而无味的，"据她说，"热带玫瑰（tropicana）完全没有味道。"她自己以有机方式种植烹饪用的玫瑰，为了找味道好的，她已经试吃过十多种。"我偏好的食用玫瑰是水滨玫瑰（Rosa rugosa），这是大西洋许多海岸上野生的，"她说，"香气很浓，吃起来就跟它闻起来一样的好。"

读者若想自己在家里种植有机的食用玫瑰，巴拉什建议种戴维·奥斯汀（David Austin）培育的品种，它们都是古老园艺玫瑰的返祖型。"我觉得他培育的老品种之中最好的是格特鲁德·杰基尔（Gertrude Jekyll）。"至于现代育种的玫瑰，味道最好的是"林肯先生"（Mr. Lincoln），这是一种深红丝绒色的玫瑰；还有"蒂法尼"（Tiffany），是淡红色的。凉拌酸卷心菜丝加蒂法尼花瓣，是巴拉什最爱的凉拌菜之一。

许多讲究浪漫气氛的年轻创意主厨现在都很爱用花为食材。达拉斯市的"桂冠餐厅"（Laurels）的执行主厨丹妮尔·卡斯特（Danielle Custer）便是一位。她说："我用浸渍玫瑰花瓣的油来拌色拉，我做的龙虾浓汤上菜时也会撒一点玫瑰花瓣。"多亏有机农业，可食用花卉才会再度登上我们的食谱。美国的主厨们采用的无农药食用玫瑰，大多数来自加州的有机园圃，都是采下后空运到各地食品特卖店，每50朵拇指大小的花售价是17美元上下。

好吃的玫瑰花味道像什么？"我不认为玫瑰花吃在嘴里真的会有什么味道，"卡斯特说，"但是会有香气和一种质感，还有视觉带来的联想，所以会有很大的感官享受，几乎——几乎有催情作用。"

《恰似水之于巧克力》之中，蒂塔烧的鹌鹑配玫瑰花瓣酱当然有这种作用。她的姐姐赫特鲁迪斯吃了之后，"渐渐觉得一股强烈的心跳脉动传透四肢"。赫特鲁迪斯流着带玫瑰味的汗珠，到后院用木板围起来的淋浴棚里淋浴。"她的身体散发的热太强了，以至于木板壁迸裂燃烧起来。"淋浴棚着了火，赫特鲁迪斯浑身热透又散发着玫瑰香，呆站在后院里。这时候潘乔·维拉的一名部下骑着马冲进这后院。"他并不放慢奔驰，以免浪费分秒，倾下身子，一把搂住她的腰，抱她坐在自己前面，两人面对面坐，带着她走了。"裸体的赫特鲁迪斯便和这激狂的兵士在疾奔的马背上做爱。这个故事给我们的教训是：烹花吃花者慎防惹火烧身。

我烧这道鹌鹑是完全按蒂塔的食谱做的，只不过玫瑰材料用得更多。我不但按食谱用了玫瑰花瓣和玫瑰水，还用了12朵小小的花苞装饰盘边。与我同享这一餐的年轻女客并没有使我的房子着火（我还是预备了一罐水在旁边，以防万一），但是玫瑰的夺目美艳与浓郁香气的确令她两颊泛红。

鹌鹑配玫瑰花瓣酱（取自小说《恰似水之于巧克力》）：

我用的玫瑰水是在本地的中东精品店买的。由于火龙果的季节已过，我用深红的仙人果泥替代。用冷冻覆盆子亦可。

6 只鹌鹑

3 汤匙牛油

盐与胡椒适量

1 杯纯雪利酒

6 朵有机红玫瑰的花瓣

7 粒剥了皮的栗子（煮过或烤熟或用罐装者）

1 瓣大蒜

半杯火龙果肉或红仙人果泥（用覆盆子亦可）

1 汤匙蜂蜜和半茶匙洋茴香，磨碎

半茶匙肉桂粉

14 茶匙玫瑰水

冲洗鹌鹑后拍干。用大煎锅以中火将牛油溶化，鹌鹑煎至各面均呈浅棕色。加入雪利酒、盐、胡椒，改小火，盖上锅盖慢烧15分钟。将鹌鹑翻面，再盖上烧10分钟。取出鹌鹑，留着锅中的汤汁。

冷水冲洗玫瑰花瓣。取一半之量放入搅拌机，加入其余材料及汤汁，打成泥。倒入小深锅中，小火煮5分钟。试味后酌加盐、胡椒、蜂蜜。将酱汁倒在鹌鹑上，再撒下剩余的玫瑰花瓣。

摩根特爱鲜味红藻

鱼味的芦笋？淡菜汁烧菠菜？主厨戴尔·尼科尔斯（Dale Nichols）不知该如何形容盘子里这个有褶边的黑色植物的味道。养殖者用"海欧芹"（Sea Parsley）的名字来营销，其实这是海洋生物学家大约二十年前在芬迪湾（Bay of Fundy）发现的一种红藻的突变型。

据广告传单上说，这种海藻会因烹调方式不同而有多种味道，可能像蛤蟹类，也可能像欧芹。尼科尔斯是新斯科舍省（Nova Scotia）的哈利法克斯饭店（CP Hotel Halifax）的主厨，我们正在他的厨房里进行小小的味觉测试。我们俩都觉得这广告有一点夸大其词，不过我们也认为，鱼排或烧烤大比目鱼配上"海欧芹"的酸蛋黄酱味道很不错。把这带咸味的暗绿色海藻煎一下，再剁一剁，加到酸蛋黄酱里，味道很像培根加鱼味的菠菜。

《海藻及其用途》（*Seaweeds and Their Uses*）的作者查普曼（V. J. Chapman）认为："'海藻'这个名词本身毫无分类学的价值，却十分通用，可泛指常见的绿藻纲（Chlorophyceae）、红藻纲（Rhodophycyae）、褐藻纲（Phaeophyceae）这三种大型的固着性海底生的藻类，也就是泛指绿色、红色、褐色三种海藻。"这本书也列举了海藻从古到今的商业性用途。

对于懂得精打细算的人而言，海藻一向有"不用白不用"的那种吸引力。农人、搜寻食物的人、渔民都曾经采集各种不同的海藻，并试图销售。海藻可以做肥料、是钾的来源、能成为人类的主食等说法，都曾盛行过。近来，学术界又积极行动，发表研究报告说大规模海藻养殖场可以消耗碳，从而扼制温室效应。

健康食品店摆出螺旋藻（蓝绿藻，spirulina）等含海藻的补品，说它们能增进免疫功能。主流的营养专家不信这种说法，但指出海藻含有丰富的矿物质，以及胡萝卜素和维生素 C。营养专家也提醒一般大众，海藻的盐分高，必须维持低钠饮食习惯的人应该避免食用。

食用海藻的最早记录，是公元前 800 年的中国诗歌。日本人制作海苔用的紫菜，最初是中国人在养殖。它在冰岛的历史中也占有重要地位，是冰岛人仅有的少数蔬菜来源之一。紫菜会在海中的枯枝或石头上生长，以前曾是搜寻食物的人在采收。

到了 20 世纪 40 年代，英国的藻类学家凯瑟琳·德鲁（Kathleen Drew）发现了紫菜的生命周期。她的研究成果促成了海藻养殖业。"她在日本的地位和圣徒一样。"约翰·范德米尔（John van der Meer）在电话那头笑着说。他是加拿大海洋生物科学研究所（Institute of Marine Biosciences）的研究部主任。"听说紫菜养殖者造了神社拜她。"他说，"日本的海苔业每年有 10 亿美元的生意。现在情况怎样我不确定，但是，5 年前的日本海苔业超过全世界鱼类养殖和蟹贝类养殖加起来的总值。"

"北美洲的海藻业是第二次世界大战开始的时候起步的，"范德米尔又说，"美国用的石花菜本来都是日本产的，那是微生物学需要用的，所以，战争爆发后必须另找来源。"结果就刺激了美国的褐藻胶与角叉胶的工业发展。这些发展又带来现今各式各样的实际应用，包括麦当劳的特浓奶昔使用的增稠剂，以及调酒用的小橄榄中间塞的甜椒。

我在电话这端的默然，证明我从来不知道有这种事。我似乎听到他在那边用力一拍自己膝盖的得意反应。

"调酒用的小橄榄？"我好不容易说出话来。

"因为橄榄和甜椒的季节太不容易协调一致。"范德米尔解释道。所以食品科技专家就把红辣椒打成泥浆，添加了褐藻胶，做成一张张有弹性的甜椒，再切成细条，以便塞入橄榄的中心。以海藻为原料的胶制品也是冰淇淋、香肠、糖果、牙膏用的添加物，有增加浓稠度和柔滑感的效用。

我们绝大多数人都不知道，自己竟然从小到大都在吃海藻。不过，无伪装的海藻食品登上西方社会的餐桌仍是比较近的事。我在波士顿的"利格海产"（Legal Seafoods）吃到的龙虾不是用荷兰芹装饰，而是用海藻。我便请教那儿的顾问主厨贾斯珀·怀特（Jasper White）是什么原因。他说，他觉得这样装饰蛮好看的，而且海藻放在龙虾的水族箱里可以永久保鲜，荷兰芹存放在冰箱里既占地方又不耐久，不马上用就会变黄。

主厨尼科尔斯和我试吃味道的那种"海欧芹"也是主厨们常用的装盘饰品。那是掌状红藻（学名 *Palmaria Palmata*）的突变后代，在新斯科舍的温室咸水养殖箱中培养，似乎是出现在西方传统食谱中少数的可食用海藻之一。爱尔兰人从很早以前就在吃红藻了，有一道爱尔兰式的洋芋泥更是少不了它。在新斯科舍省和美国缅因州，干燥的红藻常常是当作鸡尾酒的咸点心吃的。加拿大沿海各省的酒吧老板都免费供应这种咸点心，让人吃多了就想喝酒。据促销广告上说，"海欧芹"是加拿大国家研究委员会（National Research Council）发现的侏儒红藻。

"大概是 20 年前的事，"范德米尔回忆说，"彼得·沙克洛克（Peter Shacklock）和基思·摩根（Keith Morgan）那时候都在国家研究委员会工作。芬迪湾一家采收出售红藻的卖家送来的样本，由他们两人进行拣选分类。他们发现了一些可以分类到很细的有褶边的红藻。这是正常红藻植株的突变形态，是从本来平坦的藻株上增生出来的有褶边的小枝。我们把它掐下来，加以繁殖。到现在它维持这种形态已经有 20 年了。

"我们做研究实验的时候就拿它当点心。"范德米尔觉得新鲜的海藻比干燥过的好吃。摩根自己特别喜欢侏儒红藻（那时候并未如此命名）的味道。范德米尔笑着说："我们索性就叫它'摩根特爱鲜味红藻'。那时候是我们这儿的一个笑谈。"有褶边的小枝红藻味道比较甜，而且不像正常红藻那么厚，所以口感较佳。"除了我们偶尔拿它来当零嘴，那东西在我们的养殖样本搜集之中待了 15 年都没动静。"

之后，创业家艾德·卡耶（Ed Cayer）登场了。他到这儿来参观，问有没有人用这东西做什么，然后他就注册了"海欧芹"这个名字，开始进行养殖。国家研究委员会可以从总销售额抽特许使用费。

范德米尔并不怎么看好这项产品和它的销路。"现在才刚起步，不过我不认为'海欧芹'以后可能找到多大市场。"他指出，海藻业也许看来像是新点子，其实是一门很老的生意，而且成绩一直不好。加拿大的海藻角叉胶就因为竞争不过菲律宾，在 20 世纪 80 年代垮下来。巨藻（海草灰）以前曾被用为碳酸钾原料，后来这个用途又式微了。

想要让西方人爱上海藻的口味，也许不是件容易的事。但是范德米尔认为加拿大有一种可食用海藻产品潜力极大。一家叫作"阿卡迪安海生植物有限公司"（Acadian Seaplants Limited）的业者在养殖一种无性繁殖的角叉菜，俗名"爱尔兰青苔"（学名 *Chondrus crispus*）。这种角叉菜以前是专供制造角叉胶的，经过软化、干燥、着色的加工手续，可以成为 marista 的仿制品，这是日本人的一种海产蔬菜，过度捞采的情形非常严重。食用者只需将这种干燥处理的粉红色仿制品还原即可，目前在亚洲的销路很好。"这可是价值上千万美元的题目。"范德米尔很引以为荣，这种可口的产品能问世，是加拿大国家研究委员会的功劳。

我问他海藻还有什么别的发展前景。"听说日本人正在研究的一种微海藻，可以用来清除废气之中的二氧化碳。"他说。"大量养殖海藻真的可以减缓地球增温吗？"我又问。

"我觉得那种说法是增温过头了。"他答。我好像又听见他在电话那一端拍了自己的膝盖一记。

红藻洋芋泥：

　　我在新斯科舍买了一包红藻，吃在嘴里味道就像在嚼碘酒味的口香糖。我让孩子们吃，她们不爱吃，说气味好像鱼食。我特别去看了一下鱼食的制造原料，果然有海藻粉。

　　我用牛油煎煮过红藻，再拌入洋芋泥，孩子们却都爱吃。

　　1 磅半（675 克）马铃薯

　　半品脱（0.23 升）的热牛奶

　　1/4 杯牛油

　　1/4 杯干红藻（压紧的 1 杯）

　　盐与胡椒适量

　　马铃薯去皮，放入水中加盐煮软。将水倒掉，放回火上烧1 分钟至干透。加入热牛奶捣成泥。用小深锅溶化牛油，加入红藻，搅动至干燥的藻还原。将牛油烧的红藻倒入洋芋泥中打匀，即可食用。

奶酪新主张

哈尔·科勒（Hal Koller）那栋古老的白色农舍和红色的大谷

仓，坐落在山的一处陡崖上。假如眼前的这个画面再加上一些黑白相间斑纹的乳牛，那就是典型的威斯康星州乳酪农场的明信片了。科勒在星星草原（Star Prairie）的酪农之中却是与众不同的，他不养牛。

"每次我说我养绵羊来挤羊奶，别人就会露出怪表情。"科勒一边带着我参观，一边说着，"有人还会问：'你是说山羊吧？'我听了真想回一句：'噢，原来我养的是山羊啊！'"

威斯康星州的小型家庭乳酪农场养山羊，已经相当常见，这是因为喜欢吃羊乳酪的人越来越多了。但是养绵羊取乳在这儿仍是新鲜事。如今绵羊乳的售价高到1英担（约50升）75美元，是牛乳的5倍左右，科勒的邻居即便投来异样眼光，他仍然乐此不疲。

他说，许多美国人会觉得酪农养绵羊怪怪的，要是说到他们吃的羊乳酪，就不觉得怪了。大多数人并不知道，他们最爱吃的羊乳酪其实是用绵羊乳做的。美国的进口羊乳酪之中用绵羊乳制作的包括经典的意大利佩科里诺罗马诺（Pecorino Romano）、西班牙的曼切戈羊乳酪（manchego）、希腊和保加利亚等国的羊乳酪，以及法国的罗克福尔（Roquefort）。以1990年计，美国进口的绵羊乳酪大约有5000万磅（2250万公斤）。

我看着科勒的牧羊犬把羊赶到一起，然后便和科勒一同上车前往威州的斯普纳（Spooner）去了解美国的绵羊酪农业运作。途中科勒说起他自己决定养绵羊的缘故。"在威斯康星，务农的人一定得找些挤牛奶以外的事情做，否则小农场迟早会垮掉。"他说，"家庭农场现在不能和大规模的酪农企业竞争了。十年前，从我家开车到埃默里（Amery）一路上有八个家庭酪农场，现在只剩一个了。"

到了威斯康星大学的斯普纳农业研究所，法裔的研究员伊夫斯·贝热尔（Yves Berger）带我们参观绵羊乳酪实验作业。科勒羡慕地看着所里最新型的挤乳设备,我则请教贝热尔绵羊酪农业在中西部内陆地区兴起的由来。

"1970 年我还在念研究所的时候,就在明尼苏达大学和比尔·博伊兰(Bill Boylan)做研究,"贝热尔说,"比尔为了增加绵羊繁殖数目,研究了 12 种不同的绵羊。结果发现,有些最多产的品种,例如芬兰羊(Finn),产乳量不够哺喂小羊所需。比尔跑了一趟欧洲再回来后,在 1985 年想到要建一个挤乳坊,以便确定每一种绵羊的产乳量究竟是多少。他的目的是要培育一种既多产又有充裕乳汁的母羊,并没有打算要投入乳品业。但是,一旦得到这么一大堆绵羊奶,他可不愿意就这么扔了。就是在这个时候,他发现当地的乳酪业者都急着要买绵羊奶。起初是误打误撞,但是后来就渐渐有计划地发展起绵羊乳品业了。"

"我听说比尔·博伊兰的羊乳场的事,并且知道羊奶有市场,我就开始养多塞特绵羊(Dorset)挤奶了。"科勒打岔说,"可是,120 天的产乳季,我只收到大约 100 磅(45 公斤)的绵羊奶。"1991 年间,明尼苏达大学帮助科勒取得一群英属哥伦比亚绵羊,这是混种的绵羊,一半是东佛里森(East Friesian,是北欧的乳绵羊),一半是阿考特黎多(Arcott Rideau,是加拿大的肉食绵羊)。科勒将这一批羊与中西部内地一向为肉食畜养的多塞特绵羊交配,生下来的品种产乳量是原先的两倍。

博伊兰退休后,明尼苏达大学也不再经营绵羊乳品业,威斯康星大学就把贝热尔请到斯普纳农业研究所来,继续研究乳品绵羊。贝热尔的研究生涯早期曾在法国拉法日(La Fage)的绵羊乳品研究站工作,距离出产羊乳酪的罗克福尔大约 10 英里之遥。将来,他希望能比较一下东佛里森的杂交品种和拉科讷(Lacaune,即罗克福尔羊乳酪的羊乳来源)绵羊的杂交品种有何不同。

"我认为绵羊乳品工业在威斯康星是非常有前途的。"贝热尔说，"这儿有很多小的牛羊农场和小的乳酪工厂都需要走向多样化。朝这个方向努力的并不只有威斯康星一州，现在佛蒙特州、纽约州、英属哥伦比亚都在制造绵羊乳酪了。"

"美国人会接受绵羊乳酪吗？"我问。

"我想会的，"贝热尔说，"十五年前美国没人吃山羊乳酪，现在到处都在卖。美国人的口味在变，像罗克福尔之类的美食羊乳酪，大家都爱，只是供应量不够多。"

"如今山羊乳酪的市场已经达到一个高峰，我想绵羊乳酪会是乳酪业的下一个浪潮。"吉姆·帕斯（Jim Path）说。他是威斯康星大学的乳制品研究中心（Center for Dairy Research）的乳酪推广专家，正在协助威州的乳酪制造者从批量生产的一般乳酪转换到获利较大的精品乳酪。

但是他也强调，并不鼓励每个人都进入山羊及绵羊乳品事业。因为走这条路永远只有家庭工业的规模，不能和庞大的牛乳业相提并论。"我倒觉得绵羊乳酪在美国的发展不应该不如山羊乳酪。例如斯科特·埃里克森（Scott Erickson）和其他许多乳酪业者，现在生产的绵羊乳酪已经不输于其他国家了。"

我又跑到威州萨默塞特（Somerset）的"鲈鱼湖乳酪工厂"（Bass Lake Cheese Factory）去找斯科特·埃里克森，问他乳酪业者为什么对绵羊乳这么感兴趣。"绵羊奶的脂肪含量和乳质固体含量，都是牛奶的两倍。"埃里克森说，"所以做出来的乳酪也是牛乳酪的两倍之多。"绵羊奶和牛奶的差别还不仅止于乳质固体的含量。

"如果放在显微镜底下看，会发现绵羊奶里面的脂肪粒大概只有牛奶脂肪粒的一半大小，"他又说，"所以绵羊奶质感比较柔滑，而且比牛奶容易消化。"也因为如此，埃里克森可以把绵羊奶冷冻储存，直到存够 4000—6000 磅（1700—2700 公斤），再一起进行加工。"牛奶是不能冷冻的，因为脂肪粒会迸破。绵羊奶的脂肪粒小，冷冻起来没问题。"

说到绵羊奶的风味，埃里克森口若悬河："我们说那是脂酯之味。"脂肪酯会分解奶中的脂肪，制造游离的脂肪酸。"绵羊乳里面的脂解游离脂肪酸有一种独特的刺鼻味，做乳酪的人特别爱那种香气，是一股让人联想到意大利佩科里诺乳酪的那种腐败味。意大利人制作帕尔玛乳酪的时候会添加脂酯精，就是为了仿造这种味道。"

埃里克森参加了威斯康星大学的"乳酪大师亲授营"，有世界各国来的乳酪师傅示范制作技术。埃里克森从一位意大利师傅那儿得到灵感，做成一种用篮子成形的绵羊乳酪，他将这成品命名为"棕色篮子"（Canasta Pardo），结果在"美国乳酪学会会议"（American Cheese Society Conference）上赢得首奖。

"只要尝过这种乳酪，就一定会上瘾。"埃里克森边说边切着他取名为"玫瑰"（La Rosa）的篮子成形的绵羊乳酪。乳酪体积大约与酵头面团相等，外表是红褐色的，有成形时篮子留下的一条条凹凸痕。切开来后，里面是乳白色，质地密实却又呈碎粉之状。我尝了一小片，以为舌头会感受辛烈的刺激，结果却发现它比"罗克福尔"和"佩科里诺"的味道都温和些。它特有的脂酯味明显可辨，但不是强烈掩盖别的味道，碎粉的质感吃在嘴里十分柔润。这的确是不同凡响的乳酪，我就和埃里克森商量卖一点给我。

"对不起，我只有这么一块。"埃里克森笑着说，"我们的绵羊乳酪全都在熟成中。我们要放上至少五个月时间，熟成完毕后，再以每磅 13 美元出售，外加运送装卸费用。"

我仍依依不舍地望着那有篮子形状的乳酪。"我们做了一种混合乳酪，叫作卡撒里（Kassari），"埃里克森说，"是用 25% 的绵羊乳和75%的牛乳做的，仍然有绵羊奶的味道，但是价格便宜得多。我现在就可以卖一点'卡撒里'给你。"乳酪专家预言，由于混合牛羊乳的乳酪价钱比较便宜，味道也不那么重，以后将是美国自制绵羊乳酪之中最先被消费者普遍接受的。

我买了一些"卡撒里"，并且苦苦哀求埃里克森割爱一点"玫瑰"，他也终于答应了。上车前，我温柔多情地把这块有芬芳腐味的"玫瑰"放在前座，以便我随手可取。回家的长途开车路上，我小口吃着乳酪，一面想着作为美国乳品业中心的威斯康星州，如果风景明信片上的牛群换成了羊群，会是什么模样。

化腐朽为神奇

在游览胜地卡鲁瓦 - 科纳（Kailua-Kona）的这家便利商店里已经排了一长队的顾客，好不容易轮到我了，我一口气说出自己要的东西："10元的汽油、大杯咖啡，还有……"我扫视店内，寻找一份速简早餐。柜台上有一个大大的玻璃展示木箱，一般店里都用这种展示箱摆出早餐玉米饼或加料的牛角面包之类，这儿却摆着不一样的早点。

"拿一个这个。"我冲口说道。

"一个斯帕姆（Spam）饭团。"店员应道，递给我一个厚厚的方形饭团，上面铺着斯帕姆罐头肉片，还有一片海苔包着。

我要赶赴高尔夫球之约。将车子加速上了高速公路之后，我便啜饮着咖啡，看着这斯帕姆饭团。在夏威夷清早的浅红日光下，它看来倒也不赖，况且我正饿着。一口咬下去，煎过的斯帕姆之中的辛香料和油脂渍透了黏黏的白米，有一种油辣的香甜味。我三口两口吃完，灌下咖啡，比预定的时间早到了高尔夫球场。

夏威夷诸岛每年吃掉430万个斯帕姆肉罐头，比美国的任何一州都多。夏威夷人早餐吃斯帕姆寿司，中午的盒饭里带着斯帕姆配白饭，晚餐吃烧烤斯帕姆与夏威夷菠萝。山姆·蔡（Sam Choy）是夏威夷最有名的主厨之一，他的热门餐馆里就供应斯帕姆的菜式。如果你拿这个题目逗他，他的反应会和大多数夏威夷人一样，可能让你吃不了兜着走。

到了夏威夷以外的地方，斯帕姆乃是荒诞揶揄的靶子。斯帕姆罐头包装是深蓝底色衬着一块粉红色压制成形的肉，肉上有浅黄色的大字，旁边缀饰着丁香花。活似一幅灵感来自安迪·沃霍尔（Andy Warhol）的自嘲画。单是"斯帕姆"这个名称，就足以成为笑料。在 30 多年前的英国广播公司（BBC）喜剧节目《巨蟒飞行马戏》（*Monty Python's Flying Circus*）之中，餐馆里的侍者头戴维京海盗头盔不停地唱着"Spam，Spam，Spam，Spam"[译注：此名是 spice ham(香料洋火腿) 合成的字]，不理会倒霉的顾客们。美国各地举行的"切斯帕姆""吃斯帕姆""斯帕姆烹饪"的比赛中，参赛者都铆足了劲在那儿故意耍宝。

霍梅尔公司（Hormel，即斯帕姆的出品者）也很能自我调侃。他们授权一家邮购公司出售斯帕姆领带、斯帕姆拳击短裤，以及印着维京海盗装扮的侍者和他唱的音符的 T 恤衫。自嘲也是有促销效果的，霍梅尔于 1994 年卖出第 50 亿个斯帕姆罐头。只要美国人保持每秒钟吃掉 3.6 个罐头的纪录，霍梅尔乐得跟大家一起笑。

但是，在每人平均消耗斯帕姆量第二大的夏威夷（第一名是关岛），人们不觉得这些有什么好笑。夏威夷也有斯帕姆烹饪比赛，可是参赛者都是一本正经地精心烹饪。

我到大岛（Big Island）上山姆·蔡开的餐馆来拜访蔡老板，他表示："我觉得在馆子里端出斯帕姆的菜式是很光彩的事，我才不管大陆地区的美国人怎么想。老实说，我希望以后能出一本斯帕姆食谱。"

"斯帕姆食谱不是已经出了吗？"我问。

"是啊，可是我想把它提到美食的层次。"蔡说着，不带一丝一毫嘲讽的口气。在他投入发扬夏威夷烹饪风潮期间，斯帕姆肉登上了他的菜单。发起夏威夷烹饪风潮的主厨们，本来的主旨是把夏威夷本地美味的鱼和水果在烹饪中发扬光大。山姆·蔡是诸位高档餐厅主厨之中唯一土生土长的夏威夷人，他却主张，斯帕姆也应算是夏威夷的传统食品。他和大多数夏威夷人一样，从小就吃斯帕姆罐头肉，不会因为美国大陆地区的同胞嘲笑而戒吃。

我访谈过的夏威夷人大多数是与蔡主厨有同感的。这件事说来似乎很不搭调，明尼苏达州奥斯汀生产的一种罐头肉，在夏威夷文化里生了根。斯帕姆风行夏威夷诸岛的原因何在，说法很多。多数人认为应追溯到第二次世界大战之始，因为美国军方经常供应斯帕姆罐头肉给兵士、水手、基地员工，促成普遍消费。也有人说，因为那时候电冰箱不普及，斯帕姆在热带型气候的夏威夷便于保存。还有一种说法指向畜养家畜，因为夏威夷农业一向以蔗糖和菠萝为主，供应的肉量始终不足。

三种说法都有些道理。但是，第二次世界大战已经结束了50多年，夏威夷家家有电冰箱了，外地来的冷冻肉品也不贵，为什么夏威夷人依旧偏好斯帕姆罐头肉？

我再回山姆·蔡的餐馆去品尝他的独家美食，才找到了答案的眉目。这一次蔡老板去了瓦胡岛（Oahu），由他在餐馆担任经理的妹妹克莱尔·蔡（Claire Wai-sun Choy）接待我。她给我点了奶油玉米酱斯帕姆、家常木瓜果酱斯帕姆、斯帕姆饭团，并且陪我聊了一会儿斯帕姆话题。我不大好意思承认这些菜式都不能令我口服心服。

克莱尔起身到冰箱那儿去拿了一碗浅紫色黏稠的东西，放在我的面前。

"你吃过'波伊'（poi）吗？"她问。

"没有。"我说了老实话。我知道"波伊"是用芋头根做的淀粉浆，是夏威夷自古以来最重要的食品。但是没人告诉过我，"波伊"的口感和糨糊一样。

"'波伊'就像酸乳酪，"克莱尔说出她的见解，"它本身的味道是很糟的。"我尝了一点这冰冰酸酸的黏东西，做了个怪表情，以示同意她的看法。"如果你把'波伊'配上别的味道吃，情形就不同了。"她递给我一盘芋叶蒸碎猪肉，我便照她的指点配着吃。包芋叶蒸的猪肉味道好极了，配着"波伊"吃，"波伊"也变得好吃了，本来的酸味变成甜的了。甚至，蒸猪肉配"波伊"吃起来比光吃猪肉味道还好。克莱尔又教我再配着生鱼色拉吃，我试了。

"现在再配这个吃。"她说着，把那盘斯帕姆和木瓜酱推到我面前，我切了一大块斯帕姆，放进嘴里嚼，味道和平时吃来无甚两样：太咸、太油，又太甜。

"再吃'波伊'。"克莱尔说。我舀了一大勺"波伊"也放进嘴里，和斯帕姆一起嚼。热的斯帕姆肉的咸甜油味完全被黏稠冰凉的"波伊"抵消了，味道比"波伊"配蒸猪肉、"波伊"配生鱼色拉还好吃。我大惊小怪的反应过去后，又吃了一大口这奇妙的组合，终于体会了夏威夷人老早就发现的窍门。我不禁绽开笑颜。

克莱尔耸耸肩说："配'波伊'吃，就是又热又脆的斯帕姆最好。"

饕客不怕死

在吉尔胡利店（Gilhooley's），每一颗生蚝上面都放了几块冰保鲜。我把碎冰挑开，朝着蚝肉上挤了几滴柠檬汁，用小叉子叉起它，毫不留情地把这甩动的一粒肉送进嘴里。那滋味之鲜美——淡淡的海水咸味加上肉的甜，口感非常之妙，带给舌尖柔滑的感官享受，世上没有第二个。吃生蚝是人世间最完美的体验。我只要有一口气在，就不会放弃吃生蚝（读者也许会想，我那口气不在的时候也许不远了）。

休斯敦的一位理发师傅迈克尔·马修斯（Mike Matthews）因为吃了有细菌（细菌学名 *Vibrio vulnificus*）污染的生蚝致死，导致诉讼官司。这件事最近在这儿又引起有关蚝的许多讨论。吉姆·亚伯里（Jim Yarbray）前不久的一封致编者的信中说，每见到有人吃生蚝，他只有两个字奉送：笨蛋。有数以百万计的美国人与他所见略同。不论生吃或煎着吃，美国人现在消耗的蚝已经比以前少了。前几年的蚝销售量一直只有 1989 年的一半。亚伯里在信中概括这种谨慎态度的原因是："不论风险多么小，都不值得为吃美食赔掉性命。"

我不同意这种说法，所以读者可以把我归类为他前面所说的笨蛋之一。美国的生蚝吃客将近 2000 万，每年为享受这美食而导致死亡的大约有 20 人，所以因吃蚝赔掉性命的可能性是百万分之一。依我的看法，吃生蚝是值得一赌的。这就如同逆向的彩票：只要赌了就赢，唯一的例外是，你中彩了——可是随即呜呼哀哉。我也乐意一赌只有三分熟的嫩汉堡，这又是我在吉尔胡利店里点的另一道美味。

一位大名肯·里巴克（Ken Ryback）的读者介绍我来这里，因为我在文章里抱怨如今找不到外焦里嫩的汉堡了。他在信上说："到圣里昂（San Leon）的 517 号路上的吉尔胡利店，你点三分熟的汉堡，他们会问你：'冷的三分熟还是热的三分熟？'你要点热的，因为冷的会打马虎眼。"

我把车子开进吉尔胡利店未铺柏油的贝壳停车坪，还未走进店里，就爱上了这个地方。这儿的露天酒吧摆着东倒西歪的庭院桌椅，到处草木丛生。室内全是老旧木头的装潢与老旧家具，橡木上若不是挂满各种证照，好像就要散掉似的。这是儿童不宜的场所，部分原因显然就是墙上装饰的那些有伤风化的艺术品和美女露点照片。不过，真正令我心跳加速的是这儿的菜单。你要是想在美国吃到一顿既有生蚝又有三分熟汉堡的午餐，也许找不到第二个地方了。这家店的全名是"吉尔胡利生冷酒吧"（译注：Gilhooley's Raw Bar, raw 亦指"粗俗、下流"），我想倒不妨改名为"笨蛋会馆"。

我们为了追求乐趣而冒的风险，也许远超过一天到晚吃生蚝这种可能致命的食品。你滑雪吗？骑越野单车吗？骑马吗？驾驶帆船吗？笨蛋！你不晓得这些活动可能害你送命吗？根据美国国家安全委员会（National Safety Council）的资料，因驾驶帆船意外事故死亡的概率（1/5092）要比吃生蚝送命的概率（百万分之一）高得多。你每次去游泳都会想到溺死的概率吗？你为什么不会想？游泳溺死的概率（1/7972）比吃蚝而死的概率高出一百倍。

如此看来，吾人的生活真是危机四伏。不过我不怕这些危机，在 5、6、7 月里，不服用抗胃酸剂的时候尤其不怕。害死马修斯的那种细菌，在墨西哥湾非常普遍。赤脚漫步沙滩时若是踩到尖利的贝壳，就有可能感染。墨西哥湾地区的每一颗蚝之中多少都存有这种细菌。冬季的含量相当低，夏季的就高多了，所以有上面的"5、6、7 月"之说。相关的研究想要确知多高的细菌含量算是危险，但由于绝大多数人对于多高多低的含量都没反应，很难确定。目前已知的高危险群是肝脏有毛病的人、免疫系统失调的人，另外，服抗胃酸剂的人可能也包括在内。

美国食品药品监督管理局（FDA）的"墨西哥湾岸海产实验所"（Gulf Coast Seafood Laboratory）的研究人员发现，抗胃酸片与蚝中毒有关联。在正常情况下，胃酸足以杀死蚝中的有害细菌。胃药一旦中和了胃酸，细菌安抵肠道的机会就大增。这项发现也使我怀疑，抗胃酸药说不定也与细菌引起的其他食物中毒案例有关。这又像是鸡与蛋的问题了：你若不幸食物中毒，该怪罪细菌还是胃药呢？

我的三分熟加乳酪的汉堡来了，服务员是位性感、说话大刺刺的女士，身着紧绷的胸兜，露着一大截腰腹，正好展示她肚脐上穿洞的饰品。汉堡是在木柴火上煎的，下面的这一层面包已被肉汁浸透，我把服务员一同端来的西红柿、洋葱、生菜、腌黄瓜都夹进去，再用刀一切两半，肉的里面是鲜红的。面包上没有蛋黄酱，没有芥末酱，没有西红柿酱，什么调味酱也没有。我想找那位服务员要一点酱料，却不见她的人影。就在等候的时候，我先咬了一口汉堡，立即把要酱料的事抛到九霄云外。吉尔胡利店的三分熟汉堡太可口了，只有盐和胡椒足矣，不需要任何酱了。

我曾试查过吃三分熟汉堡致死的概率，但找不到这方面的统计数字。疾病管制中心（Centers for Disease Control）的确说过，美国每年因食物传播病菌而生病的有 7500 万人，因此而就医的有 32.5 万人，因此而致死的有 5200 人。美国人特别厌恶害人生病的食物，几年前发生污染的汉堡致死引起哗然之后，全国的餐馆在烹调、检查、卫生方面都改换了方法。有人认为这样改是好的，我却觉得处处要求消毒是矫枉过正。企业化经营的餐馆规定员工抛比萨面皮的时候也得戴塑料袋手套（结果行不通），在卫生机关的严格规定下，几乎吃不到手工做的汉堡肉。吊诡的是，当初引发汉堡污染恐慌的，正是卫生部门举办的安检游戏的常胜军——某家快餐连锁店。

新奥尔良的美食作家帕卜罗·约翰逊（Pableaux Johnson）曾说："美国人真正想要的是食品师傅做的、人的手没有碰过的食品。"怪得很，听到这句话的人几乎都不觉得其中有自相矛盾的语病。按美国文化的理解，手工做的、师傅做的食品、做食品的手，三者似乎连不到一起。现在我们又要逼迫其他国家接受我们的食品安全观念。美国想要提高国际卫生检查规格，想要求所有乳品低温消毒，老早就使法国乳酪业者和欧洲烹饪文化受到威胁。问题的症结在于彼此看待食物的态度南辕北辙。

我曾向法国阿尔萨斯（Alsace）一位酿酒业者诉苦，说我们在美国吃不到味道鲜烈的生乳乳酪。他的回答是："美国人根本不该吃生乳乳酪。"他这不是在开玩笑：欧洲时常查到李斯特氏菌（*Listeria monocytogenes*）含量高的生乳乳酪，因食用这种乳酪致死的例子是有的。瑞士爆发的一次案情中，用未消毒生乳制作的"黄金山牛奶酪"（Vacherin Mont d'Or cheese）导致 1983—1987 年间共34 人死亡。这位阿尔萨斯友人说，欧洲虽然应该维持一定的食品安全要求，某种程度的不确定却是生活中的客观事实。他认为，美国如果有人因为吃了法国乳酪而死亡，后果将不堪设想。所以美国人应该只吃添加防腐剂的、用塑料包装的那种乳酪。

欧洲的乳酪业者表示，李斯特氏菌在肉品之中更为常见，而热狗、酸腌包心菜丝、低温消毒的牛奶都曾检验出自然产生的李氏菌。法国一家乳酪公司总经理布瓦塞尔（Antoine Boissel）接受《时代》杂志访问时说："这其实是一场标准认定与好恶不同的战争，不是科学证实的健康卫生论战。法国人听了美国人赞成消毒的卫生论点，然后又问美国人，为什么美国的李氏菌病例高居世界第一？"（是抗酸胃药惹的祸吗？）

和我同来吉尔胡利店用餐的同伴对于欧美饮食文化有他自己的

一套看法。例如，他认为吉尔胡利店是适合带法国来的知识分子朋友共聚的地方。"他们在安妮小馆（Cafe Annie）总能找到可挑剔的小地方，可是，他们如果认为你是带他们来尝本地的草根烹调，就会由衷欣赏了。"

他不怎么欣赏吉尔胡利店的秋葵虾汤，说它是"新教徒菜汤"，因为味道太轻了。一道炖虾与香肠，他也觉得香肠味虽够，其他味道都不足。至于每日午间的特餐意大利面和肉丸，他觉得看着就没多大食欲。上述以外，吉尔胡利店的菜单上能点的东西也不多了。

但是，你如果是少数人之一，是自负的人，是笨蛋（或是一位来访的法国知识分子），你会为了难得的生蚝和三分熟汉堡到吉尔胡利店来。不过来之前先得请医生帮你检查一下肝功能和免疫系统，也要记得不能服抗胃酸片，吃过之后若是身体不适，可不能怪我。

吃的大冒险

第三章
乡土原味

狱中再尝乡土味

本尼·韦德·克鲁伊斯（Benny Wade Clewis）正在为我准备盛餐。看着他把材料放在一起，我抱的希望不大。两个冷冻的汉堡肉饼、两颗马铃薯、面粉、一棵花椰菜——好像没什么别的了。辛香料只有盐和胡椒。"我们只能凑合着做啦。"本尼笑着说，手里端着三个硕大无比的长耳深锅，"我们家里以前也从来没有煎锅，只有像这样的炖煮锅，所以我今天做的是正宗黑人家常菜了。"

本尼·韦德·克鲁伊斯是得州监狱达灵顿分所里面的一位囚犯，他也是饮食界的一号传奇人物。他会写长信给美食杂志的主编，他的菜式也登上了好几本食谱书。他小时候在得州的帕勒斯坦（Palestine）跟祖母学会烹饪，在得州各地监狱做了四十年的厨师。他仍记得早年肉的配给不足，黑人狱友们会把他们在棉花田做工时抓到的兔子或负鼠煮了打牙祭。本尼就是一部活的烹饪史。

本尼在找烹饪用的油，我跟在他后面，参观了一下监狱的厨房。有一位"得州惩戒部"（Texas Department of Correction, TDC）的官员如影随形地保护我的人身安全。我因为热衷钻研美国南方烹调，不乏一些在奇特环境中吃东西的经验。我在当出租车司机的那段日子，常在夜晚停在一处空旷地，在那儿买烧香肠果腹，其他司机都聚在一旁闲扯。我光顾过树荫下的烤肉摊子，还有鲶鱼棚——老板会跑到池塘里去捉你要吃的鱼。到监狱里来用餐却是我的第一次。但想吃本尼·克鲁伊斯做的菜就非得来不可。

美国南方黑人烹饪是快要消失的一门艺术，黑白文化融合使许多曾经生意兴隆的餐馆没落了。许多出色的黑人餐馆——例如奥斯汀市东11街上的"南方小馆"（Southern Dinette）——曾是黑人、白人都捧场的，在黑白种族隔离的时代也是不同种族汇集的地方。隔离政策结束后，黑人中产阶级往市郊迁移，这些餐馆没有了稳定的客源。如今虽然地方风味的烹饪正在复苏，市中心区最后一批黑人经营的南方餐馆仍在逐渐凋零中。

本尼抓了一把面粉放在一只碗里，放进一些油以及半升的牛奶——这是他的一个朋友走过时神奇地出现的，接着放了一点发泡粉。他不量各种用料的分量，而且是用双手在和面。显而易见，他就算闭着眼睛也能做出小面包。因为接触不到商业厨房的现代化趋势，许多便利设备和快捷方式都是他从未听过的，所以他的烹饪是独家的。他几乎不用任何预先调混好的干配料或调料包，他也没有微波炉。他此刻甚至连一把煎锅都没有。他不会刻意减少油脂和红肉的分量，因为他做的饭菜是供给整天在田里辛苦工作的人，这些人无须担心胆固醇过高。本尼承袭了他祖母的传统，如何清洗负鼠、如何熏烤猪肉、如何在东得州的树林里找到棕木的根皮（作香料用），都是祖母教他的。本尼是位南方风格的纯粹主义者，烹饪方式还和南方棉花大庄园里的一样。其实他正是生活在南方棉花大庄园里，因为达灵顿监狱就位于占地8000亩的棉花田中央，囚犯现在仍以手工采收棉花。

现在本尼在炉边忙起来了，搅着煮汤的油面糊，在锅里热着油，又在汆烫花椰菜，预热了烤炉，同时用手捏出一个个"猫头"。这巨大的厨房里人声鼎沸，穿着整洁白围裙的黑人们一边唱着，一边搬着马铃薯，用船桨似的大勺搅动60加仑容量的大锅里的花椰菜。窗户上装着铁栅和铁丝网，后门外面有带刺钩的铁条网，所有食材都放在有挂锁的柜子里。可是本尼不在乎这些，他乃是监狱厨房中的君王。其他人停下来看他用炸鸡的方式处理汉堡肉。平时他在狱中也会开课传授其他囚犯手艺。

有一次，本尼出狱后去应征沃思堡（Fort Worth）的希尔顿饭店的厨师工作。对于询问他的工作经验，他只能答："我在很多地方做过。"他想，自己若是说一生中大部分时间都在监狱里，人家不可能录取他。加上他也拿不出履历证明，希尔顿当然不会雇用他。于是他又试了几家连锁餐馆，但是那些地方用的速成调理材料和现代化商业厨房设备，都把他吓住了。他觉得绑手绑脚的。"我只晓得用最土的法子做。"本尼说着让我看他拌的褐色油面糊。

他要我看他汆烫花椰菜是要做两道手续的。"一定要先用滚水把花椰菜'漂'一次，把虫子赶出来，你看这个，"他说着从第一锅水中捞起一只绿色翅膀的昆虫，"这是'臭吉姆'，要是把它弄烂了，会和臭鼬鼠一样臭。"这花椰菜显然是刚从菜田里摘来的。达灵顿监狱厨房用的食材大多数是得州的一处监狱农场种的。"以前我们吃的东西全是自己在农场里种的。我们种的花生收成以后送到亚拉巴马州去，他们就送回来花生酱。我们种的甘蔗送到皇家糖厂去，他们送回白糖来给我们用。"

本尼把得州的十个监狱农场（都在休斯敦以南的肥沃平地上）一一报出名字，说明每一处农场栽种什么作物。

面团和好了，他用一片纤维玻璃切"猫头"。我问他"猫头"是什么，他说他自1952年起在盖茨维尔男校（Gatesville School for Boys）开始烹饪，就是因"猫头"而起的。"我到了盖茨维尔，看见一群黑小伙子在厨房里跑来跑去。他们都穿着小牛仔裤、小蓝衬衫，干干净净的。"

"我问其中一个小家伙：'那个是什么东西？'他说：'是猫头。'我那天整晚都想着"猫头"。他们把那个叫作猫头，因为看起来像猫的头，顶上又紧又圆，就像这个。"他指着做好的小面包让我看，然后把一整烤盘的"猫头"推进烤箱。

在盖茨维尔感化院，15岁的本尼千方百计想要调到人人衣着整洁、可以随便吃小面包的厨房去。他后来终于如愿，在一位名叫塔克（Tucker）的厨师手下帮忙，塔克是从胡德堡（Fort Hood）退休下来的。"他是个了不起的厨师，"本尼说，"他教我们做正宗的黑人灵魂菜——猪后腿、菜豆、燕麦粥、粗玉米粉、青菜、玉米、米饭，还有猫头。"

本尼把一些马铃薯条放进他拌好的调料里，调料有蛋、面粉、盐、胡椒，还有一些他故意遮起来不让我看的作料。"我们主厨总得有自己的秘方。"他对我眨眨眼说，一面把薯条扔进热油里。本尼成年以后待的第一所监狱是蔗糖园（Sugar Land）的"中央第二单位"（Central Unit no.2），也是得州监狱体系中最老的之一。蔗糖园因为民歌传奇人物"铅肚皮"（Leadbelly，本名Huddie Ledbetter）的一曲《午夜列车》（*The Midnight Special*）而名满天下。

有一天，这所监狱的典狱长蒙哥马利（Captain Montgomery）看见本尼在厨房里勤奋地挥赶苍蝇，不让苍蝇叮他正在炖的一锅豆

　　　　　　吃的大冒险

子，一站就是几小时。典狱长受了感动，就安排人事把本尼调到他宿舍里去担任家中的厨子。几十年来，本尼服务过的典狱长家庭可以写出一大串，按他自己说，在典狱长家里司厨的时候也学会了"花哨的烹调"。

本尼从面包房要来一些黄色的食用色素，然后就用面粉、牛油、色素做了"乳酪酱"，煞有介事地盛在我的水煮花椰菜盘子上。他招待我的这一餐是在典狱长的饭厅里进行的，汉堡是蘸了面糊下油锅炸的，配着褐色的汤汁和蘸面糊炸的薯条，以及"乳酪酱"的花椰菜。

他做的"猫头"是我所吃过最美味的小面包。碎肉饼下锅炸的时候肉还是冰的，起锅以后外表酥脆，里面的肉却是软嫩的浅红色。因为达灵顿监狱自己养牛，所以牛肉非常新鲜，而且不像外面的碎肉饼绞得那么碎。炸薯条好吃极了，我猜他添的"秘方"作料是辣椒粉。至于"乳酪酱"，只有很久没吃到真正奶酪的人会欣赏，肉汤汁则需要加一点辛香料。在材料有限的情况下，能做出这样一餐确实精彩。

把最普通的材料变成有个性的美味菜式，一向是南方黑人烹饪的特色。本尼记得以前鲶鱼太贵的时候，他们只能学着做鲤鱼来吃，他还说起用一只兔子炖菜给20个人吃的事。

"黑人的灵魂菜之所以叫灵魂菜，是因为做菜的人只能将就着材料做，"本尼说，"凑不齐的材料就用自己的灵魂补上。"

我一面吃，本尼一面说学习做典狱长私家厨子是多么不容易。"有一回，蒙哥马利太太说周末有客人要到家里来，我要做好几顿。她让我把需要到外面去买的东西写下来。我会做的东西就那么几样，所以我就要她一点白米、颈骨头、甘薯、芥菜。她看了我写的单子就说：'这是黑鬼菜嘛！太小儿科了。'"

"她给了我一本芝加哥烹饪学院（Chicago Institute of Cooking）出版的食谱。那是我的第一本食谱，我走到哪儿都带着，等于是我的圣经。牢里的人闲着没事都爱瞎扯女朋友、喝酒、偷车的事。我闲下来就坐在厨房水槽旁边与斯墨基和其他厨师聊天，从他们那儿偷学手艺。"

本尼进过10次监狱，每次都因为有一手好厨艺而调到典狱长家里服务。"我知道该用什么手段，"本尼说，"我知道怎么讨白人喜欢，烹饪的道理就在能不能讨人喜欢。"我点头称是，一面用"猫头"把盘里的肉汁蘸干净吃了。本尼·克鲁伊斯的确是讨人喜欢的高手。

但是本尼也正在为他坐牢期间犯的谋杀罪服刑。"没错，"他说，"当时我们在混战，我把一个人刺成重伤不治。"他有10次服刑前科，被判了3个无期徒刑，算得上是一名惯犯。我对本尼说，很希望能在餐馆里品尝他的烹调。我问他，自己回顾过去种种，会不会希望一切都不是这样？我问他，如果情况不同，社会和监狱系统是否可能让他重回主流社会？

"别人常常问我这些问题，我也仔细想过。"本尼说，"如果不是因为在监狱里被迫进了厨房，我连用汤匙挖水果都不会。其实我也不是被迫的，要不要做在我自己。我可以努力学着做个好厨师，也可以背起棉花袋到田里去，从早到晚摘棉花。我见过黑人嗑药，见过他们挨揍，见过他们闹事打架，见过他们在棉田里累死。我是自己决定进厨房的。"

本尼讲起以前那些典狱长的家人对他怎样好，还有教他做菜的其他黑人狱友，他眼眶里泛起泪水，这些善意对待都是他在自由世界里从未体验过的。"我想我的人生本来就该是这样，"本尼柔声地说，"我想这样对我最好。"

夏日烟云

那时候我对户外烤肉这项活动还不熟，所以，"泰勒国际户外烤肉比赛"（Taylor International Barbecue Cook-off）邀我担任评审时，我不大清楚自己会遇上什么场面。我到了比赛地点，得州泰勒市的墨菲公园（Murphy Park），四下走动，看见许多中年男子在他们特别定做的烤肉拖车旁摆好了架势。有些拖车的装备包括大得能容人走进去的厨房和有自来水槽的调酒台，每一个拖车都有特大号的熏烤架和砍得整整齐齐已经放干了的一堆硬木柴。

参赛者组成不同的队伍，队名有"哈雷好汉"（Harley's Hogs）、"胖汉子"（The Fat Boys）等。其中许多人是从昨天半夜就开始烤肉的。今天这个夏日的午后处于燠热中，比赛队伍的主要活动是在烤肉架旁边休闲，喝啤酒，辩论山核桃树、苹果树、桃树、星毛栎、胡桃树、牧豆树等哪一种木材最适合熏烤肉，以及多高的温度、多长的时间是熏烤牛胸肉的最佳组合。单单以得州计，每年举行的户外烤肉比赛就有上百场。

泰勒烤肉比赛的冠军会得到奖杯，还有资格参加两个全国性的烤肉比赛，一个是堪萨斯州堪萨斯市举行的"堪萨斯市烤肉协会美国皇家邀请赛"（Kansas City Barbecue Society American Royal Invitational），一个是田纳西州林奇堡（Lynchburg）举行的"杰克·丹尼尔纽邀请赛"（Jack Daniel's Invitational）。

评审人喝着啤酒走来走去看着肉冒烟，这听来有点奇特。我们要不记名地试吃熏烤的肉，再评定胜负。评分标准包括香气、味道、嫩度、质地，还有烤架在肉上留下烙痕的美丑。从一条条的烙痕可以看出是否用慢火熏烤。烤成的肉切开后，表面烙痕的颜色可以深及肉里大约半英寸。颜色浅者粉红，深者暗红，依使用木材的种类与熏烤程度而定。

泰勒烤肉比赛有类别之分，包括猪肉、牛肉、家禽、山羊肉、小羊肉、野禽猎肉、海鲜。我是野禽猎肉组的评审，品尝了鹿肉、麝香猪肉、野猪肉、鹌鹑肉、兔肉。野猪肉味道和一般猪肉差不多，鹿肉非常好，但是我把最高分给了用辣味蜂蜜烤肉酱腌过的鹌鹑。

可惜烤肉比赛中没有喝啤酒比赛和吹牛比赛的项目，不过，在场的人大概都认为绕着烤肉炉闲晃是最大的乐事。当我开了一罐啤酒，坐下来啃着一块小排骨，才想到一件事：这美国特有的休闲活动其实没离开户外烤肉缘起的传统。

有关"barbecue"（户外烤肉宴）这个词的由来，有不少极尽想象之能事的说法。我常听到的一个是，以法文的 barbe à queue（意即"从胡子至尾巴"）为英文字的字源。这个说法认为，由此可知最初的野外烤炙者是烤整只的兽。然而，《牛津英文辞典》（*Oxford English Dictionary*）认为此一说法是"无稽之谈"，多数研究烤肉的人士亦然。

这个词以及烤肉的一些方法，乃是从西印度群岛的加勒比印第安人（Carib Indians）传给我们的。英文的 barbecue 是从西班牙文的 barbacoa 而来，而西班牙文这个词是从阿拉瓦克加勒比语（Arawak-Carib）的"巴卜拉考特"（babracot）来的，印第安语原义是指加勒比人在文火之上用青绿枝条高高支起的熏烤架。加勒比人把要烤的肉摊在支架上，再用叶子盖着肉，以免熏烟飘散。

野外烤肉当然不是加勒比人发明的。早在史前时期，人们就用烟熏来保存肉类了。有人猜，发现烟熏的保存功能是在新石器时代，当时的人把鱼和肉放在架子上晒干，架子下面升火本来是为了熏赶苍蝇，后来发现烟熏过的肉和鱼比只用日晒的保存得久，这种方法才普遍起来。古罗马的享乐主义者阿比修斯（Apicius）曾留下一道腌肉食谱，手续包括盐腌17天、露天干燥2天，以及烟熏2天。

科学家们至今并不确知是什么化学反应使熏烤有保存作用。熏烟的热是促成干燥与增添风味的主角，露天通风也有益于保留肉中的水分，这都是事实。但是燃烧木材的热烟含有多达200种的化合物，包括醇类、醛类、酸类、酚类，以及多种不同的有毒物质。酚类化合物可以减缓脂肪氧化，有机酸类和醛类可以抑止细菌和霉菌生长。除此之外，这古老的处理肉类的方法究竟还有哪些作用，至今仍然无解。

同样无解的是，早期的欧洲殖民者为什么还得向印第安人学习这门古老的技术。也许是因为欧洲文化习惯了室内厨房，熏烤却是比较适于户外的，所以舍而不用。不论是什么缘故，伊斯帕尼奥拉岛（Hispaniola）的西班牙殖民者必然是从未见过这种技术，所以才会直接借用土著的语言来称呼它。

加勒比人用支架熏烤猎获的小型兽类和鱼，却因为有禁忌而不烤食牛与猪，也不用盐。所以我们也许可以说，这些欧洲殖民者开始把加勒比人的熏烤技术运用到牛肉和猪肉上，再加上一点盐，美国户外烤肉就这么诞生了。但是你如果拿这种理论去和烤肉狂讲，又将引来何谓 barbecue 的长篇辩论。

有人说 barbecue 的定义是搭配辛香酱料的烤肉，可是得州有些最美味的 barbecue 是完全不用酱料的。有人说 barbecue 应该指熏烤的肉，孟菲斯市（Memphis）一些最著名的烤猪排就是只涂调味酱烤而不用烟熏的。在南、北卡罗来纳州，barbecue 常常是指一种用撕下的肉片做成的三明治，是用小火煎的，有辛香料酱汁。对大多数美国人而言，barbecue 这个活动就是指在自家后院用烤肉架来烤汉堡肉和热狗吃。

释义搞不定的原因也许就在印第安语的"巴卜拉考特"，这个词本来是指安置肉的那个烤架。由于加勒比印第安人的烤架是烟熏用的，他们又偏好调味重的食品，而英文里却没有一个字词用来专指这种方式烤的肉，所以 barbecue 就渐渐变为泛指的好几种意思了。这个英文词语现在指烤炙架，指放在上面烤的肉，指用它来烤肉的过程，也指以这样烤肉为中心的聚会。难怪各家说法总是不能归于一统。

有些其他语文用词也能找出 barbecue 由来的线索。西班牙的 charqui 意指"干制肉"，也是英文字 jerk（肉干）和 jerky（条状牛肉干）的字源。而 jerk 可以把 barbecue 和加勒比人熏烤肉的传统衔接。我所见过的烧烤方法中，最近似历史描述的加勒比印第安熏烤方法的，就是牙买加的干肉烧烤。

1994 年间，我和一位牙买加籍的朋友到小镇波士顿滩（Boston Beach）最有名的烤肉棚去解馋。波士顿滩的人都用多香果树的枝条熏肉，所以全镇到处飘着焖烧木材的气味。他们的熏烤方法正如史料记载加勒比人的方法，露天的灶坑里放着冒烟的炭，炭火上架着熏烤架，肉就摊在烤架上。不同的是，烤肉架不再是用青绿枝条做成，而是改用金属的，盖在肉上的也不再是树叶，而是白铁皮。同行的这位牙买加友人说，不过 20 年前，波士顿滩的人仍然在用香蕉树的叶子。那一次吃到的熏烤干肉如果参加泰勒烤肉比赛，应该能得大奖。那肉浓香绕梁，鲜嫩得用手指一捏就碎了。

牙买加餐馆往往是由女性来主厨，我在波士顿滩并未见到这种情形。倒是看到很多男人围着火坐着喝"红条牌"（Red Stripe）啤酒。我在那儿以及在泰勒烤肉比赛中目睹的男性围坐在一起烤肉所表现的哥们儿情谊，又让我想到 barbecue 的另一个字形。

法文的 boucan 所指的就是加勒比语的"巴卜拉考特"——熏烤架，这个词来自巴西的印第安族图皮语（Tupi）。从这字衍生了英文中的 buccaneer，这个英文字指的是 16 世纪中叶的一群不法之徒，他们住在伊斯帕尼奥拉北边海岸外的托尔图加岛（Tortuga），大部分是法国人和英国人。这些人后来虽以海上冒险事业闻名，他们名号的由来却与烧烤生意有关。

西班牙殖民者弃守伊斯帕尼奥拉岛之后，这群人跑来狩猎未被宰光的野牛、野猪，然后把肉熏烤处理，卖给过往的行船。由于西班牙人要缉拿这些人，他们为了自保便集结成群，然后索性扔下烤肉生意自己跑到海上。不久他们便发现，以突袭方式劫掠西班牙船只比追捕野猪的利润大得多。

说起"barbecue"的历史，我觉得最有意思的还是它和休闲时光的关联。这个休闲传统的由来，又要归功于加勒比人的发明。他们不但创造了英文"barbecue"的起源，也给英文添了"hammock"（吊床）这个词。"夏日周末"简直就可以算是他们发明的。

要真正了解美国的烤肉文化，加勒比印第安社会中"巴卜拉考特"与吊床的关系乃是一个关键。按加勒比人的习俗，出外狩猎、捕鱼的人回家后要躺在吊床上休息，以便恢复体力。猎人、渔人躺在吊床上休息着，同时等着肉或鱼在小火上慢慢烤熟。

17 世纪的一位法国人眼见这种事，觉得难以置信。按他的记述，加勒比人出海捕鱼回家后，"竟然有耐心等待把鱼放在离火 2 英尺的木条架上烤熟，火是那么小，有时候要烤上一整天才熟"。

肚子正饿着的人能悠闲地在吊床上躺一整天，等晚餐烤得恰到好处。显然欧洲人曾觉得这是岂有此理的事。但是，此时在泰勒国际烤肉大赛场内逛着，看见熏烟飘过，闻着烤肉香，还有胖汉子们、哈雷好汉们悠闲地躺在他们自备的凉椅上，我自觉承袭着一种高尚的、本土的美洲文化传统。今天下午若有一位 17 世纪的加勒比印第安人从天而降来到墨菲公园，一定会觉得好像回到了自己的家。

波士顿滩烤肉腌酱：

待烤的肉要彻底抹上酱，如果肉片切得比较厚，就以 2 英寸的间隔在肉上切斜刀，把腌酱塞进切痕。肉要腌一夜，次日再以慢火熏烤。

半杯新鲜百里香叶

2 把（约 15 棵）带茎叶的嫩洋葱

4 汤匙切细粒的鲜姜

3 颗苏格兰帽椒或哈瓦那椒，去梗

1/4 杯花生油

5 粒蒜，剁碎

3 片月桂叶

2 茶匙新鲜的多香果，磨碎

1 茶匙新鲜的豆蔻，磨碎

1 茶匙新鲜胡椒，磨碎

1 茶匙新鲜芫荽，切碎

1 茶匙新鲜肉桂，磨碎

2 茶匙盐

1 颗莱姆，榨汁

将材料全部放入料理机，混打成浓稠有碎粒的糊。腌酱可装在有严密盖子的容器里，在冰箱中可冷藏数月。有 2 杯或 2.5 杯之量。

乡土炸牛排

在"吾希餐桌"（Ouisie's Table）的吧台上，一客热腾腾的炸鸡式牛排从不锈钢台面的那一头一路滑到我的面前。金黄色的南方式油炸外皮完美无缺，奶油酱汁盛在一旁，以免蘸软了它。我小心地尝着洋芋泥、芥菜、玉米鸡蛋布丁。裹了蛋面糊炸成的牛排凹凸有致的外观不断引诱着我，但是这形状不规则的炸肉太烫了，还不能吃。我拨弄着盛酱汁的小皿，要等到恰恰好的那一刻把它浇在肉上。如果等得太久了，肉会不够热；如果太早浇下去，你可能吃得烫到嘴，要不然就是眼看着那美妙的金黄外皮变得湿答答。

在等待这一刻的当儿，想起在报上看到的一篇惹我生气的文章。文章的小标题是"只有傻瓜会相信所谓的得州最好的炸鸡式牛排"，作者是与我同为《休斯敦周报》撰稿的乔治·亚历山大（George Alexander）。我尊为神圣不可侵犯的，全被他污蔑了。

"'炸鸡式牛排'这个名称本身之引人注意且值得记忆，是有搞笑意味的。"乔治写道，但是"所谓很棒的炸鸡式牛排这个东西，根本就不存在"。稍老的后腿肉牛排应该以文火炖，不应该像维也纳酥炸小牛柳那样裹了面包粉炸。凡是正派的厨师，都不该用奶油蘑菇酱来配牛肉。"末了，当代得州餐馆界的幽默大师为了达到爆笑效果，陪衬的菜用了洋芋泥，使配菜和酱料在颜色、味道、口感上不分彼此，和酥炸的牛肉也没什么对照可言。"至于这道菜号称的历史渊源，他也表示质疑，因为最早的文字记录不过是 1952 年的。

乔治兄，我能理解你为什么会犯这个错，因为不好吃的炸鸡式牛排本来就很多，正如不好吃的酥炸牛肉条、不好吃的奶油蘑菇酱、不好吃的鱼子酱也很多。可是你不能拿弄不清状况为借口，你这样说错话是搬石头砸自己的脚。

我会反驳你的每个论点，不过我得先往炸牛排上浇一点酱汁。如此一来，牛排的酥皮仍然是脆的，每一口都立即包进奶油酱汁和鲜美肉汁咸咸的热气里。我闭上眼睛领受着这个滋味。"吾希餐桌"的炸鸡式牛排毫无疑问是世界级的，是全得州最好的。

我倒不是这方面的权威，我吃炸鸡式牛排（Chicken-fried steak，行话简称为CFS）只有30年历史，写文章谈它大概有十年。我希望将来能成为不折不扣的专家，就像《沃思堡明星电讯报》（*Fort Worth Star-Telegram*）的巴德·肯尼迪（Bud Kennedy），他能形容沃思堡方圆百英里内所有小市镇的每一家馆子卖的CFS有哪些细微的差别。肯尼迪的本事是跟名师学来的，他的师父，已故的杰里·弗莱门斯（Jerry Flemmons），也是《沃思堡明星电讯报》的专栏作家。

弗莱门斯曾经这样写道："烤肉和南方得州墨西哥烹调虽然那么精彩高贵，但在炸鸡式牛排这道'我的天哪'的牛肉美馔面前，是相形失色的。最能定义得州特色的莫过于这一道菜式，它其实已经变成形容浪漫化了的、草原锻炼的得州佬个性的一种食物隐喻。"

弗莱门斯和他的好友丹·詹金斯（Dan Jenkins）常去一家叫作"马西的店"（Massey's）的沃思堡路边饮食店，这家店供应远近知名的CFS，以及盛在冻过的炮口那么大的啤酒杯里面的冰啤酒。詹金斯曾在小说《下俄克拉何马》（*Baja Oklahoma*）之中写了一段CFS的笑料。研究这些CFS大师著作多年以后，我才敢动笔谈论"这道'我的天哪'的牛肉美馔"。

在我与沃思堡主厨格雷迪·斯皮尔斯（Grady Spears）合著的食谱《牛仔进厨房》（*A Cowboy in the Kitchen*）之中，就有一道CFS（封面正是娇艳欲滴的CFS特写）。说到这儿，涉及利害关系了。我承认 CFS 与我的收入有关，我如果骂它不好，是断我自己的财路。

所以，乔治，我的意见如果不可采信，你可以到"吾希餐桌"去求证你的基本论述：所谓很棒的炸鸡式牛排这个东西根本不存在。（去之前先打个电话，因为他们只在每星期二供应 CFS，有时候会定为当日特餐。）正确的吃法如下：你先切下一大块油炸外皮厚厚的、冒着热气的肉，然后用餐刀取一点洋芋泥放在肉上，再取一点蘸饱了胡椒酱的芥菜，接着就用叉子把它们又起来，直接放进酱汁皿一浸。

这一口吃下去，味道与口感不分彼此吗？我的感觉却是瞬间体验了味道与口感的"蒙太奇"，微苦的芥菜蘸满酸味胡椒酱、穿透洋芋泥和奶油酱，放肆地渗进肉汁里。这完美的一口要再配上大大的一口冰啤酒（如果你觉得 Shiner 黑啤酒还不够好，尽可来一瓶 Pilsner Urquel）。假如你这样吃仍然区分不出牛肉和洋芋的味道，你也许该去检查一下味觉是不是出问题了。

你抱怨肉这样炸来吃嫌老了。乔治老兄，你怎么还弄不明白呢？老牛肉老早就是得州地方口味烹调的主要本土食材了。正是因为用老牛肉，所以我们也发明了汉堡肉饼、辣味牛肉末、烧烤牛胸肉，所以我们把牛肉裹面糊油炸之前要把牛肉弄软。

不过，既然要反驳你，就看看你是怎么说的："油炸，尤其是裹上面糊炸，只适于嫩软的肉。维也纳式酥炸牛肉就是明证。"詹姆斯·比尔德（James Beard）在《美国烹饪》（*American Cookery*）里也说，维也纳酥炸牛肉要用小牛排肉。"按我们的术语，牛排肉就是从后腿切下来的肉，圆的骨头仍然留在中间。"比尔德说。这种半英寸到 1 英寸厚的圆形牛排要用打肉的槌子打成 0.25 英寸厚，再薄一点亦可，然后蘸上面包粉下锅炸。这做法是不是很像炸鸡式牛排？

用槌子打过一阵子之后，小牛和大牛的后腿肉又有什么差别？重点当然不在嫩与老上面。小牛肉比较软是因为取自仍在吃母乳的小牛。可是，多年以前的得州没有喂牛乳的小牛肉，所以得州人用大牛同样部位的肉做了酥炸牛肉。CFS 基本上就是得州方法做出来的酥炸小牛排肉，按比尔德说的，这是以奥地利人的维也纳酥炸牛肉和意大利人的米兰酥炸小牛肉为蓝本的一道美国菜，在美国已经风行了一百五十年。

话题正好回到历史上。乔治说："多数得州人第一次听说这道菜，也许是在欣赏 1971 年的影片《最后一场电影》(*The Last Picture Show*) 的时候。"且慢，他以为一个粗犷的得州佬因为看了彼得·波格丹诺维奇 (Peter Bogdanovich) 的一部黑白文艺片才开始吃炸鸡式牛排吗？

按《得州纪录大全》(*Lone Star Book of Records*)，CFS 是吉米·唐·珀金斯 (Jimmy Don Perkins) 于 1911 年发明的。他乃是得州拉米萨 (Lamesa) 一家小饮食店的厨师，因为误解了顾客的意思，把一片薄的牛排肉蘸了面糊放进油锅里炸了。这桩事虽然常有人提出来讲，可惜纯属瞎编。没有人确知 CFS 是什么时候发明的，但必定比 1952 年早得多。按卡罗尔·索娃 (Carol B. Sowa) 在《圣安东尼奥最佳指南》(*Best Guide to San Antonio*) 之中的记载，圣安东尼奥各地的"猪站兔下车餐馆"(Pig Stand Drive-in) 从 40 年代开始营业就在供应炸鸡式牛排了。《美食家》(*Gourmet*) 的两位专栏作家简·斯特恩 (Jane Stern) 与迈克尔·斯特恩 (Michael Stern)，也在《吃遍美国》(*Eat Your Way across the U. S. A.*) 之中猜测，炸鸡式牛排是美国经济大萧条时期的山居德奥裔得州人发明的，我自己的猜想则是，南方还没出现 CFS 这个好记的名称之前，酥炸牛排肉的吃法早已存在。

最后再来谈谈奶油酱的问题。乔治说："所有专业的厨师都知道，绝绝对对不可以用奶油蘑菇酱配牛肉。"他这样代表所有专业厨师发言，又是自讨苦吃。休斯敦两位最出色的主厨——埃卢伊丝·库珀（Elouise Cooper）与罗伯特·德尔·格兰德（Robert Del Grande）都用奶油酱配炸鸡式牛排。乔治的意思难道是说，库珀和格兰德都不是专业厨师？

在格兰德的"牧场河"（Rio Ranch），炸鸡式牛排乃是用蘸过脱脂发酵乳的牛腰肉配奶油酱。"牧场河"是造就高消费牛仔式烹饪的功臣，也因为有高档牛仔美食的讲究，炸鸡式牛排在得州才能更上一层楼。近十年来，炸鸡式鹿肉排、炸鸡式牛里脊、炸鸡式鲔鱼排（都是配奶油酱的）都登上得州各地高档餐馆的菜单了。乔治不久必会发现这些新风气，然后急急忙忙跑来告诉我们。

我们可以原谅乔治的这种场上失误，毕竟他久居别州，最近才搬回得州来。不过问题的症结不在欠缺对本地的认识，而在于姿态太高。对休斯敦人说根本没有所谓很棒的炸鸡式牛排，就好像对费城人说根本没有所谓很棒的乳酪里脊三明治，或是对纽约人说根本没所谓很棒的比萨。这不是自以为是，而是大大的失礼。

话说克里奥尔

在休斯敦布伦南店（Brennan's）享用龟肉汤，有如经历了一次魔毯之旅。从那碗黑黑的炖汤端上洁白桌面的那一刻起，你就把杂念一扫而尽，只盯着它看了。香气扑鼻的鳄龟肉、暗色的稠汁、用料错综复杂的小牛肉高汤，一齐在浓浓的热气之下闪烁着。你才拿起汤匙，服务员过来了。他撬开雪利酒的瓶盖，克里奥尔（Creole）的瓶中仙便蹿了出来。立即就有一阵雪利酒、月桂、大蒜、辛香料的香气飘起，把你轻轻地从座椅上托起来腾空了。你尝了一口汤，整个人便像《一千零一夜》里讲的那样，腾云驾雾去也。

传奇故事是这么说的：1762 年间，法国国王路易十五和他的表弟——西班牙国王查理三世打牌。路易眼看要输了，可是他相信手上这副牌稳赢，于是拿法国治下的路易斯安那领土下注。查理暗笑了，因为他手上这副牌更强。结果，就在呵呵笑与扑粉假发乱颤中，路易斯安那从法国属地变成了西班牙属地。

镜头跳到地球另一端的一个灯光昏暗的房间：路易斯安那一处大宅第的黑奴宿舍里，一位衣着华丽的法国贵族偷偷摸进情妇的卧室。这美貌的女奴名叫玛丽·泰蕾兹（Marie Therese），她也是他的孩子们的妈。这位贵族，即克劳德·皮埃尔（Claude Pierre），轻声许诺情妇一个不可能成真的未来——他要给她自由之身，还要买一个棉花庄园给她。

话扯远了。我还是言归正传，回到文章的开头：布伦南店的餐厅光线昏暗，看来十分舒适。玫瑰红的花岗石地板，搭配着缀饰圣诞节花圈的黑木柱子，很吸引人。可是我却被挡在门外。

"先生，对不起。"经理说，"男士在布伦南店用餐必须穿西装上衣。我们这儿备用您可以借穿的。"我大窘，在整排清一色深蓝的西装上衣之中找了件大号的穿上。我一直不懂这个穿别人的衣服用餐的奇怪习俗道理何在，可是要打退堂鼓已经来不及了，我便和女伴一同就座展读菜单。

布伦南店是休斯敦最有名的克里奥尔餐馆。我来是为了一探克里奥尔烹饪风格的究竟。可是看了这儿的特大号菜单，我却有点晕头转向。松露虾玉米杂烩！

吉康菜肥鹅肝与杏仁糖烈酒加山核桃！芜菁甘蓝饼加牛杂碎与肥鹅肝！

在布伦南店，顾客得自己决定要吃哪一种克里奥尔菜——经典克里奥尔、新式克里奥尔，还是得州克里奥尔。我们便混着点。开胃菜要了新式的松露虾玉米杂烩和经典的龟肉汤。主菜点了老派的蓬夏特兰炖海鲜（seafood stew Pontchatrain）和得州山核桃鳟鱼。玉米杂烩不符期望；玉米加胡椒的杂烩简直闻不出松露的味道，加上虾也与整个菜不调和。龟肉汤如何，前面已经讲过了。山核桃脆皮鳟还不错，肉倒是相当细嫩的。蓬夏特兰炖海鲜乃是一场纵欲的甲壳肉餐宴，多得不像话的蟹肉堆满垫底的烤鳟鱼之上，蟹肉上面满满一层虾肉，四周的奶油酱里还泡着牡蛎肉。如马克·吐温（Mark Twain）形容路易斯安那海鲜时曾经说的。

"那美味就像犯不太重大的罪那样让人痛快。"在订位台一旁，我看见一本新出的克里奥尔烹饪书《司令厨房》（*Commander's Kitchen*），作者是新奥尔良的"司令府"（Commander's Palace）的老板和主厨——蒂·阿德蕾莱·马丁（Ti Adelaide Martin）和杰米·香农（Jamie Shannon）（五十年来，布伦南家族开了十家餐馆，包括休斯敦的布伦南店，以及他们的旗舰店，即新奥尔良的"司令府"）。两位作者在书中说明克里奥尔烹饪风格的历史由来，以及著名的新奥尔良老餐馆如何煞费苦心地传承这项瑰宝。

1780 年间，西班牙政府曾将特权授给殖民地出生的欧洲人后裔，并且称这些人为"克里奥尔"（Criollos 或 Creoles）。这群有教养的人士表现了旧时新奥尔良的富饶精神，他们很爱以华丽盛宴模仿法国和西班牙的宫廷派头。掌勺的非裔仆人们会利用美洲食材按法国食谱创出新菜式。当时的路易斯安那烹调方法混合了法国式、非洲式、印第安式，西班牙人又从其分布广阔的殖民帝国别处引入了西红柿、辣椒以及各式香料（那时候的法国人认为西红柿是有毒的东西）。于是奠定了日后克里奥尔烹饪的基础。

凭布伦南店别具创意的松露玉米浓汤和肥鹅肝吃法可以证明，克里奥尔烹饪既没有固定不变的形式，也不排斥创新。"司令府"的历任主厨中，保罗·普鲁多姆（Paul Prudhomme）和埃默里尔·拉加斯（Emeril Lagasse）都曾经大展个人风格的烹饪技艺。但是布伦南家族的餐馆也会保存龟肉汤和虾味蛋黄酱之类的传统经典菜式，这可溯源到18世纪晚期讲究吃喝玩乐的那一辈。

乔治·托马斯（George Thomas）正充满感情地吹奏出《祝你有个快快乐乐的圣诞》开头的第一句"栗子正在火上烤着……"他的四人爵士乐队安排在克里奥尔小屋（Creole Shack）的壁炉前面，餐厅里的客人大多为黑人，每个人心情都很愉快。有好几桌是阖家光临的，小孩子的脚跟着音乐打拍子，眼睛望着挂满各色闪耀灯饰的圣诞树。周五、周六晚上的克里奥尔小屋是"有赚的馆子"。为什么有赚？吧台服务员告诉我："照路易斯安那西部的说法，有音乐表演的馆子就是有赚的馆子。"

我点了1客鲶鱼法国面包三明治、1碗秋葵浓汤，还有冰啤酒。浓汤先来，里面满是鸡肉、蟹肉、蛤肉以及一根香肠。邻桌的一位女士靠过来说："这是上好的秋葵浓汤，不是吗？"我点头称是。

"我们是凯真人（Cajun），我们每天晚上都来。"她同桌的男士说。

"凯真的秋葵浓汤和克里奥尔的有什么不一样？"我问。

"没什么不一样。"他答。

三明治来了，是中间横切的半个大面包，上面摆着仍在冒热气的煎鲶鱼排，浇着厚厚的加味蛋黄酱，还有冰的生菜和西红柿片。鱼排太烫，还不能马上吃。所以我啜饮着冰啤酒，等它稍凉了，再享受烫舌头的鱼肉加冰生菜和西红柿的过瘾感。拿起"凯真大厨"

辣酱洒一点，快感可以加倍。我边吃边想着：克里奥尔和凯真到底有什么不同？

凯真人，也就是阿卡迪安人（Acadians），是英国殖民时代从现今新斯科舍一带流放出来的法裔加拿大人，这一点我是知道的。他们移居的分布范围很广，有许多人来到说法语的路易斯安那地区，在路州西部的沼泽区和牛轭湖区的人数尤其多。他们发展出成功的凯真烹饪风，与路州西部他们指为"克里奥尔"的烹调看来相似，其实要比新奥尔良的克里奥尔烹调味道重，量也比较大。你听糊涂了吗？我也有点糊涂了。所以我发了一封 E-mail 给帕布罗·约翰逊（Pableaux Johnson）求救，他是《世界口味：新奥尔良》（*World Food: New Orleans*）的作者，这本书由"Lonely Planet"出版公司发行，是饕客的路易斯安那指南。

我告诉他，我刚吃过休斯敦的两家克里奥尔餐馆。在布伦南吃到好到极点的龟肉汤和蓬夏特兰炖海鲜。在克里奥尔小屋这个惠而不费的黑人饭馆吃到鲶鱼三明治、秋葵浓汤、冰啤酒。

"两家同属一种克里奥尔吗？"我问。

"不是同一种。"他答复，"你所说的两家餐馆实行的是克里奥尔的两种不同的定义。布伦南店是克雷森特城（Crescent City）餐馆王朝的前哨，用'克里奥尔'指新奥尔良早期殖民者所创的烹饪风格。那是精细、老式的城市菜式——基本上是非洲裔厨师按美洲及西班牙食材所做的正统法式烹调。海鲜占的分量大，牛油和奶油酱用得多，秋葵浓汤加西红柿，是重油的、优雅的、法国风的菜式。"

"至于克里奥尔小屋，是正统的'路易斯安那南部克里奥尔'馆子，"他说，"这儿用的'克里奥尔'是族裔文化上的定义。说法语的非裔加勒比海自由有色人种（包括海地人和法国奴隶主给予自由身的奴隶）于 18 世纪在法属路易斯安那定居。这些说法语的黑人在新奥尔良市和市外沼泽湖区兴旺起来。路州南部克里奥莱比较简单朴素（与凯真饮食相近），受到的影响和老新奥尔良的'欧洲克里奥尔人'不同。"

难怪我会搞不清楚。

"'克里奥尔'这个名词不宜随便用，但是大家都在乱用。"约翰逊的回信说，"这看似单纯的用语其实有很多不同的释义。按语言学家的专业定义，是'一群人当作母语使用的混合语言的方言'。研究路易斯安那历史的人又有另一种定义，'新奥尔良早期的法国及西班牙殖民者的直系后裔'。在法属的西印度群岛以及加勒比海其他地区，'克里奥尔'完全是另外的意思。而且还有几种烹饪方面的定义。总之，如果有人要告诉你'克里奥尔'的确切定义，姑妄听之即可，不必全信。"

包括约翰逊自己说的吗？

"我说的尤其不可全信。"

有了约翰逊的这一番说明，我才明白，克里奥尔小屋的老板罗兰·柯里（Roland Curry）口中的克里奥尔是指路易斯安那说法语的黑人。他自己是克里奥尔，而且与路易斯安那历史上最有名的一位法语自由黑人有血缘关系，此人即是玛丽·泰蕾兹·款·款（Marie Therese Coin Coin），是西非洲来的一名女奴。一位名叫克劳德·皮埃尔·梅特瓦耶（Claude Pierre Metoyer）的白种法国贵族和她相恋，两人生了 14 个孩子。柯里说，这贵族的家人觉得太丢脸了，就要阻止他和她来往。他后来与家人妥协，只要家人同意给她自由身，他就不再和她往来。家人本想摆脱她，便答应了，可是他们坚持扣留她的孩子们做奴隶。梅特瓦耶和西班牙国王关系不错，就给她争取到一份转让地产。玛丽便在这儿辟建了名为"梅尔罗斯"（Melrose）的农庄，每年用她赚得的钱买回自己的一个孩子。据说，她在逝世前几个月筹到钱，把她最幼小的一个宝宝买了过来。"那斯托什很多克里奥尔都是玛丽的 14 个孩子的后代——我也是一个。"罗兰·柯里说。

凯真、新奥尔良的克里奥尔、非裔法语克里奥尔，是三种有明显差别的烹饪风格，来自全世界三种传说故事最多的文化。

再访克里奥尔小屋的这一次，我尝到了口味的差别。按罗兰·柯里自己说，他的克里奥尔烹调是兼容并蓄非洲、乔克托印第安（Choctaw Indian）、法国、西班牙等四种风味的。"这和凯真饮食有一点不同，我用西红柿酱和各种香料比较多。"他说。

克里奥尔小屋的焖烧虾就是把鲜嫩的虾放在辛香的酱汁里，酱汁则是用少许油面糊加很多西红柿酱、绿辣椒、洋葱而成。这和凯真焖烧虾不一样，后者是用暗色的油面糊做成褐色的酱汁。比较接近新奥尔良克里奥尔烧虾，但辛香料用得更重。

我的同伴点了克里奥尔秋葵，这也许是菜单上最不同凡响的黑人克里奥尔菜代表：有香辣的秋葵豆泥（非洲），玉米和辣椒（印第安），洋葱、生菜、猪肉香肠（法国），配着浓稠西红柿酱汁的虾（西班牙），旁边还有一块法国面包。这是我在凯真餐馆从未见过的——在新奥尔良的克里奥尔餐馆也没见过。

克里奥尔小屋和布伦南店分据着一种烹调风的两个极端。布伦南店是休斯敦最典雅的餐馆之一，到这儿来可以体验有历史渊源的新奥尔良名菜和创新的淳朴南方口味；克里奥尔小屋则是个有趣又实惠的地方，香辣的炖菜和料足的大三明治都是与凯真食品相近的另一种选择。上布伦南店可以得到优雅精致的用餐经验，上克里奥尔小屋可以大嚼三明治、喝秋葵炖汤，欣赏每逢周五、周六晚上的爵士乐表演。两种选择都能体验原汁原味的克里奥尔文化。

解读测验

早上 10 点半，"3A 餐馆"（Triple A Restaurant）里面有八位顾客。都是男士，四个人梳着借几绺稀发遮住秃顶的发型。餐桌铺着木头纹的塑料面，椅子包着橘黄色塑料皮，都有些破旧了。有一面墙上挂了一张 1935 年的高中足球队照片。为我服务的这位女士名叫贝蒂，她是在高地这一带长大的，在 3A 已经工作 18 年了。

我对菜单上这个占了将近半页的项目颇感兴趣："农场新捡鸡蛋两个（烹法不拘）加……"这"加"字下面的选项包括猪肉片、早餐牛排肉、炸鸡式牛排配奶油酱、培根或火腿肉或香肠。香肠下面又有一长串不同样式的香肠可选。以上所有选择都可包括粗磨玉米粉，或乡村式马铃薯与吐司，或小面包。贝蒂说明今天供应的三种香肠是：家庭自制加辣的不规则形状的肉饼肠、家乡味的烟熏蒜味粗短香肠，以及常见的一节节细的香肠。我点了两个蛋、炸鸡式牛排肉、马铃薯洋葱饼、小面包。另外，出于好奇，我点了一个家庭自制香肠为配菜。

"蛋要怎么煎？"贝蒂问。

"两面都煎，翻一下面就好，多一点油。"我笑着答。

"要等一等，"她说，"炸鸡式牛排的面糊要现调，不是冷冻的。"

马铃薯饼也不是冷冻的，是新鲜的马铃薯切丁脆煎的；蛋煎得正好；黄澄澄的炸鸡式牛排冒着热气，旁边还盛着褐色的奶油胡椒酱；小面包味道普通。3A 早餐的最大问题是容器不合：椭圆形的托盘根本装不下这么大的量。结果我得用 3 个碟子，把小面包掰开放在右手的碟子上，浇上一点儿奶油酱。蛋、薯饼、炸鸡式牛排放在中间的碟子上吃。家庭香肠放在左手边的碟子上品尝——非常辣，而且煎得很焦。

贝蒂在和别的女服务员聊天，我打了几次手势才引得她过来给我的咖啡续杯。外面天正晴朗，从我的卡座可以看到隔壁的农民市场。我也看见一位擦鞋的老黑人在 3A 的前廊上工作。他的顾客是靠墙坐的，所以我看不见这个人的脸，只看得见他的棕色拷花皮鞋。擦鞋老人用手指把鞋油抹在皮鞋面上。我慢慢喝咖啡，到 11 点半，午餐的人潮开始涌现，我才离开。

上述的景象如果放在看图解读的测验里，你会怎么形容它？是吸引人的？令人沮丧的？无聊乏味的？迷人讨喜的？

你未决定之前，再看下面这幅景象。

上午 11 点，大街和得克萨斯街转角上的这家"世纪餐馆"（Century Diner）几乎已经满座。有一些颇具流行品位的年轻人已经吃完早餐，还坐着看书或杂志，还有很多衣着得体的商业区生意人正在用午餐。靠窗的卡座是用两种塑料皮装潢的，分别为蜡笔绿与米色。桌面是新贴的合成纤维皮，花样是 40 年前所谓"现代"的圆圈等图形。服务员穿着黑白二色的保龄球衫，背上印着"对你的胃好一点"之类的口号。菜单上东一块西一块点缀着老餐馆的典故，例如"亚当夏娃坐木筏"曾经是指烤吐司上放火腿肉和煎蛋。

但是菜单上并没有火腿肉煎蛋吐司这一道。有的是当代观点的小饮食店食物，包括"地道纽约客"，即是一个贝果（bagel）加新斯科舍鲑鱼和奶油干酪，以及"健康主张"——蛋白做的蛋饼。菜单上虽然没有火腿蛋或培根蛋，倒有"蛋与薯泥"——两个蛋加马铃薯饼，还有纽约式的咸牛肉末薯泥。

我的这位服务员是染了黑发的年轻人。他太忙了，没时间聊天，所以我没问他的名字。我点了两个蛋，因为他们午餐不供应薯泥饼，我便将就点了薯条。我问早餐供应什么肉类，他不清楚，回去问了再来。于是我点了香肠、小面包与酱汁。

"先生，蛋怎么煎？"他问。

"两面煎，翻一下面就好，多一点油。"我微笑着回答。

咖啡是盛在不锈钢保温瓶里送上来的，这一点很贴心；蛋煎得正好；薯条非常好；香肠完全符合你的预期；小面包特大，酱汁里有很多培根碎片，不妙的是，酱汁直接浇在没爆开的小面包上，我还得把小面包掰开，让酱汁渗进去。

我旁边隔着走道的桌位上，两位男士和一位女士，都穿着保守的办公西服，在说长道短，议论某人在某项选举中获胜的机会。三人谈得高兴，女士听了男士之一说的意见而大笑时，眼中散着光芒。我听不见他说了什么，应该是很好笑的吧。我自己斟了咖啡，把亮晶晶的大菜单上的一句名言抄下来："道格拉斯·约克（Douglas Yorke）说，一家馆子的个性是和油污一样累积起来的。"

我自己对于上述两种景象的解读测验结果，读者不难预测。3A 的早餐令我感到温暖愉快；世纪餐馆故作怀旧的时髦，令人觉得假兮兮。我的这种意见却没有多少人赞同。一位朋友曾说，在3A 吃早餐"会当场心脏病发作"。另一位朋友认为，暗色的木质板壁、老旧的桌椅、用稀疏头发遮住秃顶的胖老男人，都"令人沮丧"。至于世纪餐馆的装潢和服务员的制服，她认为是"难能可贵"的。

当年我从康涅狄格州迁到奥斯汀来上得州大学，年仅 17 岁，跑到离父母亲 2000 英里远的地方，对乍来的自由充满期望。我骑着摩托车跑遍奥斯汀，到处找风味特殊的美食。怪脾气老太太开的小馆子、杂货店里的餐饮台、黑人中心区东 11 街的"南方小馆"，都曾是我的最爱。

我为什么会爱上这些地方？原因不完全在于东西好吃，也因为我在寻找一种安适感。初来乍到的我，特别容易受这些老店的个性和逐渐消失的得州遗风所吸引。我这个蓄着长发的东部怪物，不敢和常去大学附近热门餐馆的那些思想守旧的南方白人及社团活跃分子为伍。也许是因为我觉得自己是被他们排除在外的人，才会跑到同学们不会去的那些奇怪地方吃饭。

从小在得州长大的朋友们、讲究健康饮食习惯的人、童年经历过贫穷的人，往往不会觉得这种风味奇怪的地方有什么可爱。在别人眼里，这类馆子是过时的、高胆固醇的、食物粗陋的地方，里面的顾客不是什么有趣的角色，只是些乏味的老家伙。

东西好不好吃，现在仍不是我的首要考虑。有时候我觉得，评量餐馆好坏的文章不应该扯到别的题目上。但是，有时候我会更在意食物能否反映特有的文化，这一次也是如此。3A 和世纪餐馆的饮食本来就有些不同。如果前一天才在一家老旧小馆吃过，第二天又去一家赶怀旧风的新馆子，你不免会产生一些需要多想一下的问题。

例如，是改善了卫生的、故意仿古的新餐馆好，还是破旧的真正的老餐馆好？还有，一家开在休斯敦最古老街区的怀旧式时髦餐馆为什么撷取的是纽约的历史（以及纽约的菜式）？

最近有几位读者致函本报主编，抱怨我不着边际，说我评量餐馆的文章太个人化，重点没放在食物本身。对这些指控，我甘心服罪。

我自 1991 年开始在《奥斯汀纪事报》撰写餐馆评论的时候起，就受饮食作家约翰·索恩（John Thorne）非常个人化的记叙文章的影响。而索恩本人的灵感又来自马克·赞格（Mark Zanger）的启发。赞格曾于 20 世纪 70 年代晚期为《波士顿凤凰》（*Boston Phoenix*）撰写餐馆评论，用的笔名是罗伯特·纳多（Robert Nadeau）。索恩曾说：

"纳多自己学习怎样吃与喝，并且问自己该怎样看待这些经验，不断咀嚼其中应有的含意。他教我的是，如果诚实之中不含有任何风险，没有真正的自我检视，那诚实算不了什么。"

这对于撰写餐馆评论的人无疑是远大的目标，但起码是值得追求的目标。我便是本着那种精神写下这一篇非评论。我也邀请你走一趟3A和世纪餐馆，体验一下真正的自我检视。看看你究竟比较喜欢哪一个。

食的民间艺术

剖成两半的这个长条皮包骨面包（Skinny bread）是已经烤过了的，这是个好兆头。"蚝肉要全熟吗？"这位站在"新奥尔良穷小子本店"（Original New Orleans Po' Boy）柜台后面的女士问道。

"不要，要嫩一点的。"我答。蚝肉从后面的煎炸锅捞出来，共六枚，放在盛馅饼的铁丝盘子上。做三明治的人拿抹刀在烤好的面包上抹了蛋黄酱，并在上面铺了生菜。然后，她把金黄的蚝肉一个一个摆上，正好摆满。再加2片西红柿，把另一半面包盖上，我便接过我的"穷小子"（poor boy），到柜台去付钱。

是"大陆俱乐部"（Continental Club）的史蒂夫·威特海默（Steve Wertheimer）介绍我到这儿来的，他自己特别爱吃这儿的乳酪"穷小子"。门外停着两辆出租车，因此我猜出租车司机也爱光顾这里。我自己以前开过出租车，所以会特别注意警察和出租车司机爱去哪些馆子。

1客三明治是5.14美元，税内含。蚝肉热而嫩，我让它们蘸足了路易斯安那辣酱，把上面的这半个12英寸长的面包用力压下来，张大了嘴一咬。蚝肉汁流进生菜、西红柿、蛋黄酱，产生了那美极了的鲜嫩柔润的口感。第二口比第一口更好吃，而且越来越好吃，这种美食经验是可遇而不可求的。我最爱吃的三明治除了蚝肉"穷小子"，还有非常罕见的软壳蟹"穷小子"。像我这么捧场的大有人在。

《芝加哥论坛报》（*Chicago Tribune*）的美食与品酒专栏作家威廉·赖斯（William Rice）便是一位。"新英格兰的磨牙三明治（grinder）和费城的豪吉（hoagie）特大三明治是近亲，两者都与到处可见的潜水艇三明治关系密切。"他曾说，"但是，在三明治世界的社交名人录上，位居第一的就是'穷小子'家族，而蚝肉'穷小子'正是'穷小子'家族之光。"

我吃遍了全休斯敦的蚝肉"穷小子"，没有一家问过我蚝肉要多熟。他们都是自作主张处理，把蚝肉煎得老老的。也没有哪一家是用正宗长面包，以至于厚得不成比例的面包使你尝不到蚝肉的完整美味。新奥尔良"穷小子"本店的蚝肉的确是全休斯敦第一。可是，每当我向人赞叹，对方都用好像我脑筋有问题的目光看着我。

"你是说大街上的那个绿黄两色的脏兮兮的地方吗？"一位女士曾经吃惊地这样问我，然后加了一句："倒胃！"主编听说我要拿这个地方当题目，难以置信地说："你说的不是那个在窗户上涂油漆的邋遢廉价小馆吧？""正是。"我对上述两位都这么答，"就是那个地方。"两位显然都不认为像新奥尔良"穷小子"本店这种破烂地方值得在文章里一提。

我吃过最美味的蚝肉"穷小子"，是新奥尔良市圣克劳德街（St. Claude Street）上的"圣罗什"（St. Roch's）做的。这家店是其貌不扬的破旧木造建筑，位于贫穷潦倒的马雷区（Marais），与法国区（French Quarter）隔着铁轨相望。店内只有几张客人必须共享的桌位，而且似乎总有至少一位游民吸着香烟伸手讨钱。这地方有一股鱼腥味，不过它本来就是一家鱼店。

相形之下，新奥尔良"穷小子"本店简直称得上是一尘不染了。休斯敦的新奥尔良"穷小子"本店应该也有过风光的时候。最近店的正面才涂了一层红油漆，因为画了几笔白色的歪歪倒倒的字而更显鲜明。至于窗户的玻璃为什么会涂上黄绿两色的油漆，可能是因为当初盖这房子的人没料到夏天太阳直晒下来室内会这么热，或是没料到空调电费会这么贵，后来的人只好以油漆窗户应付。

　　坑坑洞洞的停车坪上有一个高高的招牌，这也许是全店最醒目的特征。招牌顶上有一个侧面剪影，是个戴着怪样子高顶帽、持手杖的男子。如今招牌整个漆成消防车的红色，所以这个人物剪影看不出形貌，只能凭猜想了。我把它想象成克拉姆（R. Crumb，20世纪70年代地下漫画家）画的南方风雅绅士的滑稽画。

　　店内陈设着橙色的塑料椅子，桌面的合成塑料皮已经破旧，磨石子地板上仍有以前曾经安装固定式桌椅的疤痕。墙壁上的装饰以可口可乐瓶为主。上百个8盎司容量的瓶子中，从去年安然菲尔德（Enron Field's）开幕，到1978年肯塔基野猫队（Kentucky Wildcats）打全国棒球冠军赛的，各种年代的都有。此外还有印着阿拉伯文、韩文，以及我不认识的文字的可口可乐瓶，配上许多可口可乐拼图、时钟、镜子、托盘、纪念章，以及冰箱磁贴。这的确是个模样好玩的地方。要不然，卖"穷小子"的地方又该是什么样呢？

　　墙上挂着一篇框起来的剪报，是布拉德·泰尔（Brad Tyer）在《休斯敦周报》发表的一篇餐馆评论。他说，"安东尼店"（Antone's）代表休斯敦"穷小子"店的"精致典范"，而新奥尔良本店是一个"粗俗版"的"穷小子"。

　　我觉得既不解又好像有些受辱了。何谓"粗俗版"的"穷小子"？据路易斯安那饮食历史的研究者说，三明治有"穷小子"之称，是从 1929 年新奥尔良发生电车业罢工的时候开始的。当时的市民都同情罢工者，"马丁兄弟"（Martin Brothers）餐馆自告奋勇廉价供应那些"穷苦小子们"的晚餐，凡是在快打烊的时候到"马丁兄弟"后门来的人，都可以花 5 分钱吃个饱。晚餐的内容基本上就是 1 客法国面包做的三明治，里面夹上"剩肉"（白天供应所剩的碎片肉），或是马铃薯，再加上肉汁酱。"穷小子"三明治于焉诞生，并且立即蔚为流行，后来又成为经济大萧条年代的一种象征。马丁兄弟终于专设了一家面包店来烘制"穷小子"用的细条薄面包，那也是"穷小子"面包的传统典型。

最后，因为新奥尔良多数人是信奉天主教的，星期五和四旬斋期间不能吃肉，于是又发明了低价位的海鲜"穷小子"，这也变得广受欢迎，其中又以蚝肉"穷小子"最热门。

既有这样的历史，所谓精致的"穷小子"三明治之说，反而显得可笑了。有一天，我问泰尔写那篇评论的用意，特别问他文中为什么没提蚝肉"穷小子"。他说他没试吃过蚝肉"穷小子"，因为他不爱吃蚝。他还说他是暂时代别人写餐馆评论，同时也为自己的口味这么平民化感到不好意思。许多人也有他这种观点，以为评论饮食应该以时髦精致的餐馆为主。我便把我自己的观点解释给他听。

两三个星期以前，我去聆赏了休斯敦交响乐团的精彩演出，曲目是贝多芬作品，包括《C 大调弥撒曲》。比这个再早两个星期，我到"第三区"（Third Ward）去听了"安小姐游戏圈"（Miss Ann's Playpen）的周一夜蓝调即兴表演。两者都是极大的享受，我不觉得兼爱两者有什么矛盾之处。

音乐和饮食都有精致艺术与民间艺术并存的情形。许多人和我一样，两种艺术都爱。而事实是，我们得州是以后者见长的。得州的蓝调音乐远比古典音乐有名。同样，得州烧烤的名气也远远大于精致餐饮。读者不会经常在《休斯敦周报》的音乐版看到谈论交响乐或歌剧的文字。既然如此，餐饮版凭什么只该谈附庸风雅的高级厨艺呢？

每当纽约、加州、欧洲的美食作家和主厨来到休斯敦，他们都要求我带他们到烟雾弥漫的肉市场吃烧烤，到得州墨西哥经典风味的小馆吃辣肉酱卷玉米饼，到黑人灵魂菜的馆子吃南方式的早餐。这并不表示我们这儿没有杰出的主厨和好餐馆，我们的好主厨好餐馆多得很，但是别的城市也有。主厨会来来去去，经典的民间口味却永远在这儿。

同理，我第一次访游法国期间，对于高档的时髦餐馆兴趣不大，目标只瞄准家常的豆焖肉、砂锅炖菜、鱼蛤蔬菜杂烩汤、泡菜。法国人理解这种观点，而且以身作则，兼容并蓄精致与民间的饮食艺术。

我们不能把粗犷的"穷小子"店和最华丽的饭店放在一起作比较，但是我们可以评判两者是否做到了他们本意想做的。就呈现蚝肉"穷小子"这个朴实的民间艺术品而言，粗陋的新奥尔良"穷小子"本店的成绩已经接近伟大了。

神爱吃的食物

得克萨斯州的夏日酷暑烧坏了我园里的西红柿株，晒得黄瓜藤枯垂下去。到了7月中，园中伤亡得差不多了。熬过年度烤刑的只剩下辣椒和秋葵。秋葵尤其耐晒，好像乐得享受暑热。瘦瘦的植株长得特高，有时候我还得站在椅子上才能采到不至于长得太大的毛茸茸的豆荚。

按1974年美国农业部的一项调查，秋葵名列美国人最不爱吃的三种蔬菜之一。我以前一直也不怎么爱吃秋葵。用叉子舀起一堆绿色的圆圆的秋葵切片，举到嘴边，看着圆片里滴出来的黏汁液，就会产生不想把它们放进嘴里的念头。

到了"多特的店"（Dot's），我才开始吃秋葵。这家开在奥斯汀的小馆，是迷恋南方烹饪的人聚集起来午餐的地方，老板多特·休伊特（Dot Hewitt）是得州实践南方黑人烹饪风格最有力的人士之一，秋葵正是她小馆的拿手菜。

几年前，一位加州的美食作家找我帮忙，要为她正在撰写的一本烹饪书找几位非裔美国厨师提供意见。我介绍她去找多特，她便向多特要了秋葵食谱。多特的食谱看起来很简单：把整只秋葵加西红柿酱烧。因为一只只秋葵保持完整，所以不会有黏黏的汁。那本烹饪书出版后，我看了不禁跌足。作者做这道菜规定秋葵要切片，等于把多特的食谱毁了。完整不切的秋葵加西红柿酱烧，是一道非常美味的蔬菜。而切成小片的秋葵释出大量胶质，适合炖浓汤。

虽然大家都说不喜欢秋葵的黏液，其实它的胶质是十分有益的，不但可以舒缓消化道，而且可以用来治胃溃疡。从秋葵豆荚萃取的一种胶质还可以增加血浆。

秋葵（学名 *Hibiscus esculentus*）是锦葵属植物，与棉花是同科，原产地是亚洲，但多数人会把秋葵和非洲联想到一起，而非洲人以秋葵为主要蔬菜早有悠久历史。秋葵的果实是手指状的、一头尖的豆荚，如果一直不采收，可以在植株上长到9英寸（约23厘米）长，但这么大的秋葵纤维太多、肉质太老。5—6英寸长未全熟的秋葵味道最甜嫩，及早采收也可刺激植株结实更多。

我看过的所有烹饪书都说，秋葵最初是由非洲黑奴带到美洲来的。食用秋葵最普遍的地区，如美国南方、加勒比海地区、巴西的巴伊亚省（Bahia），都曾是有众多非洲奴隶人口的地方。所以这个说法是有根据的。

英文中的 okra（秋葵）来自非洲特威语（Twi）之中的 nkruman 或 nkrumun。非洲翁本邦语（Umbundu）称秋葵为 ngombo，这个词又是英文词 gumbo（通常指秋葵浓汤）的由来。美食作家经常议论这个非洲词和这道路易斯安那炖菜的关联。有人说，gumbo 里面如果不放秋葵，就不算是真的 gumbo。可是的确有许多"冈波"食谱根本不用秋葵，而这种做法说不定更忠于它的历史渊源。

据食品权威人士韦弗利·鲁特（Waverly Root）所说，我们称为"冈波"的这一道路易斯安那黏稠浓汤是美洲原住民所创，本来是用黄樟嫩叶磨成的粉和加稠的杂合炖菜。黄樟叶粉加水就变得黏稠。后来非洲来的黑奴改用秋葵做这道菜，并且按 ngombo 的发音称这种浓汤为"冈波"。如今虽然全美国都以"冈波"指秋葵汤，路易斯安那有许多传统主义者（他们也许不知道自己是传统主义者）仍然偏好使用黄樟叶粉。至于最初是怎么传到路易斯安那的，鲁特认为："是非洲来的黑奴把秋葵带到了西半球……"

这个湿热的夏天上午，我赤着脚走在院中栽种秋葵的这一小块地上，一面采着秋葵荚，一面想着秋葵从非洲传入美洲的说法。我用拇指的指甲划开一只豆荚，把里面的豆实倒在手掌心。按烹饪书籍的记载，被掳的奴隶在漫长的航程中把秋葵种子藏在头发里、耳朵里。我手掌里的秋葵豆大约有 BB 弹那么大，在耳朵里长期塞上几粒，一定苦不堪言。

此时早上还不到 6 点，气温已高达 90 华氏度（34 摄氏度），众蝉已经开始它们每天高声大合唱的功课。我采毕秋葵，走回厨房，想着如果我是一个被带着枪、挥着鞭子的白人掳走的西非黑人，被人用铁链拴住牵着走，我会有什么反应？我想到的是充满愤怒、悲痛流泪、怒吼反抗，而不是拿秋葵豆子塞着耳朵。

于是我打电话请教罗伯特·福克斯博士（Robert Voeks），他是加州大学富勒顿（Fullerton）分校的地理学副教授。"我从未见过哪个学者相信奴隶真的曾把植物种子带到美洲来，"福克斯说，"奴隶在被掳押、运输、贩卖过程中遭受那么骇人听闻的残暴对待，已经多少排除了这种可能性。这类有关奴隶引进秋葵和其他植物种子的传说，是从康得布雷（Candomblé）的民俗来的。""康得布雷"（字面意思：为敬神而舞）是非裔巴西人的信仰，为优鲁巴族群（Yoruba）特有，发源于现今西非的冈比亚（Gambia）与贝宁（Benin）两国。传到大西洋这一端以来，康得布雷这个非洲宗教信仰几乎完全保持原样未变。在巴西的巴伊亚省是最盛行的宗教，与天主教并存。它与加勒比海地区的桑特里亚（Santería）宗教信仰关系也很密切。

福克斯博士在巴西进行实地研究期间，为了深入理解康得布雷神秘的民族植物学，曾经加入一个"泰雷鲁"（terreiro，即崇拜会所）。在他撰写的《康得布雷的神圣之叶》（*Sacred Leaves of the Candomblé*）之中，记载了康得布雷的草药医生和男女神职人员在仪式、庆典、疗病过程中使用 200 种左右的植物。秋葵、豇豆、山药等食品都属于具有宗教意义的植物。

康得布雷信仰中的自然神灵称作"奥利沙"（orishas），每位神灵都有独特的个性以及各自偏好的食物。雷神尚戈（Shango）好色风流，爱吃山羊肉；风神扬萨内（Yansan）爱吃豇豆做的油炸物；淡水之神奥申（Oshun）爱的是以花生和虾干为配料、用棕榈油烧的鸡肉。每逢某位神灵的节庆日，康得布雷信徒就要烹煮这位神灵最爱吃的食物。

卡鲁路（Carurú）是司掌生殖与繁育的一对神灵最爱的食物，那是一道秋葵炖菜。这两位神的节庆日也叫作卡鲁路，每逢这个日子，必须按照繁复的食谱隆重地做这道菜。烹饪手续稍有偏颇都是大不敬。

卡鲁路虽然是康得布雷信仰中神灵所爱的，福克斯博士并不大力推荐。"味道像黏液里面沾着籽，"他说，"我不怎么欣赏，可是多数巴伊亚人都爱吃。"

假如秋葵不是当年的奴隶引进美洲的，又是谁带来的？康得布雷信仰中必须使用的西非药草和西非原生植物，怎会移植到美洲来？福克斯博士做了很多调查。他证实，有些植物的确是获得自由的奴隶回非洲去运来的。至于秋葵、山药、豇豆是怎么来的，他觉得答案简单得多了。"虽然没有文件记载，"他说，"按合理的推论，应该是葡萄牙人带过来的。"

那时候巴西的非洲黑奴可分得园圃自己栽种粮食，奴隶主会尽量引入奴隶们已经懂得耕种的作物。我们都晓得，昔日葡萄牙人把非洲油椰引入巴西，使奴隶能食用他们吃惯了的红椰油。"葡萄牙人精得很，"福克斯博士说，"奴隶身体健康，才合乎他们的生意算盘。秋葵的营养丰富，是西非人的主要蔬菜，而且像野草一样容易生长。"

就摄取钙、钾、维生素 A、维生素 C 而言，秋葵的等级在中到上之间。此外，每 100 卡路里供给大约 7 克的蛋白质。秋葵富含纤维，容易有饱足感，在热带地区栽种最佳，比一般绿色蔬菜都耐酷暑。

既已排除奴隶把秋葵种子塞在耳朵里带上新大陆的说法，我的疑问只剩一个：这么靠不住的传说怎会被一致信以为真？我想这也和许多宗教信仰的神话一样，因为背后有更深一层的道理，才会一直盛行至今。

秋葵本来是在热带的西非优鲁巴族人中流行的一种具有宗教意义的食物，现在能在巴西成为有宗教意义的食品和加勒比海非裔美国人烹调的主角，应该归功于当年的优鲁巴奴隶以及他们的后代子孙。就算秋葵种子不是奴隶们亲自带来美洲的，使食用秋葵的习惯在美洲得以推广却是他们的功劳。

多特·休伊特的炖秋葵：

勿将秋葵英切片，勿用沸水烫秋葵英，只需将秋葵清洗后与西红柿酱同炖。试过之后自然知道秋葵的妙处。

2 汤匙蔬菜油或培根油

1 个黄洋葱，剖开切片

半磅（约 0.225 公斤）的秋葵，洗净

1 大罐（14 盎司）切碎煮熟的西红柿，带汁

1 茶匙盐

1 茶匙胡椒

油放入厚的深锅，中火加热，放入洋葱炒至软，约 5 分钟。加入秋葵，炒约 2 分钟或至豆英略发出嗞嗞声。加入西红柿酱及汁。煮沸后改小火，盖上锅盖炖 25—30 分钟，或炖至秋葵英变软但完整不烂。

行家吃蟹

太阳差不多要沉进东加尔维斯顿湾（East Galveston Bay）了，斜射的余晖把我面前的这一大盘烧烤螃蟹染上浅红色。我吮吸第一只香辣的蟹爪，一面欣赏着这一盘螃蟹的静物之美。这是星期六的傍晚，我在玻利瓦尔半岛（Bolivar Peninsula）的"黄貂鱼馆"（Stingaree Restaurant），这儿生意正热。约 10 分钟前还在外面排队的一群人，现在坐进露天的平台，面向西边，都在喝着啤酒。我坐在他们后头有空调的室内餐厅里，也望着西边的落日，一面慢条斯

理掰着本地产的青蟹吃。我已经吃了4只，数数还剩6只。

黄貂鱼馆的菜单标题是"蟹、蟹、蟹"，下面列有"博斯科烧烤蟹"（Bosco's barbecued crabs）、"维耶诺炸蟹"（Vieno's fried crabs）、"加味煮蟹"（Seasoned boiled crabs）。如果点中盘或大盘的，只能点一种。如果点"吃到饱"的特餐，就可以三种都尝到。我选的当然是特餐。这儿供应的全是墨西哥湾沿海产的本地青蟹，螃蟹个头从小号到特大号都有。烧烤蟹是这一带的传统美食，我早就想尝一尝。

已故的菲尔·博恩（Phil Born）是我在得州大学的室友，他是在阿瑟港（Port Arthur）长大的，时常备受宠爱似的说着吃烧烤螃蟹的情景。他吃东西很慢，自称这是螃蟹吃家的基本要件。"我爷爷和他的朋友坐下来吃螃蟹，一吃就是两个钟头。"菲尔说。他和家人若是到海边玩，就会来玻利瓦尔半岛，阿瑟港和博蒙（Beaumont）的居民皆是如此。在东得州湾沿岸，烧烤螃蟹的名声便是从这儿的螃蟹小馆传出去的。

开在水晶滨（Crystal Beach）小镇的黄貂鱼馆，楼下是"黄貂鱼船坞"。船坞尽头有一个白色的棚屋，挂着"钓具"的招牌。近海内航道（Intracoastal Waterway）就在黄貂鱼馆旁边，坐在露天平台上的人甚至可以把吃完的蟹壳抛到水里。每隔15分钟左右就有巨大的驳船驶过，提醒你这边的墨西哥湾岸其实是以工业为主。

我是第一次来玻利瓦尔半岛，完全被这儿的奇特风情迷住了。经过这儿几个小社区的干道是87号公路，路边长满绿草的空地上散置着锈了的汽车和丙烷槽。每个小社区都是按海湾胜地样板布局的朴实造型，都有一家餐馆、一家出售烈酒的店铺、一家酒吧、一些白漆粉刷的小屋、几个拖车拉的活动住家、一个钓客服务区。本地的经营模式尚未被巨额投资的旅游开发计划取代。

我与同伴驱车走上半岛，她感叹道："加尔维斯顿以前就是这个模样。"她童年时常住在加尔维斯顿，上网时索性就用"岛女"的名字。据她表示，西海滩（West Beach）尚未充斥那些故作异国情调的公寓套房建筑群，如海岸的因弗内斯（Inverness）、海边巴伊亚之前，模样和这儿是差不多的。也许我们该把玻利瓦尔划成文化保留区，算是海湾岸单纯原貌的最后堡垒。

在"罗伯特·拉尼尔号"（Robert C. Lanier）渡船的前甲板上，我们看着从旁驶过的油轮全都傻了眼。渡船礼让，这庞然巨物驶过，好似一栋10层的大楼在搬家。一只独行的海豚跃出海面，在油轮船头前翻腾，渡船上的乘客莫不欣然。

要从休斯敦到玻利瓦尔，必须开车到加尔维斯顿岛，在岛的东端搭渡船。这一趟渡船行程很短，会越过湾内一些运输最忙碌的航道。看着吃水线上的油轮，最能叫人领会这个地区的滨海工业规模之大。此外，渡船上有令人舒畅的微风，再热的天气也不例外。假如你想在渡船后甲板上喂海鸥，可以带一包马铃薯片上船。

我们大约5点从休斯敦出发，6点钟到加尔维斯顿，6点半抵达玻利瓦尔。我事先没计划要在黄貂鱼馆看日落，却恰好撞上了这个时刻。不知为何，我点的第二、第三盘螃蟹同时端上桌。一盘是4只煮蟹，另一盘是4只炸蟹。而我的第一盘烧烤蟹才吃了一半。我觉得煮蟹不怎么好吃，才吃过味道重的烧烤蟹，只觉煮蟹水分太多，又太淡。烧烤螃蟹成为名菜，始于萨宾通道（Sabine Pass）一家叫作"格兰杰店"（Granger's）的地方；后来，这个传统又由"萨尔丁店"（Sartin's）接受。以前的做法是，将青蟹洗净后剖成两半，再腌入混合辛香料，然后油炸。这样做的螃蟹可能非常美味，可是如果油温不对或太凉，味道可能非常糟。黄貂鱼馆的烧烤蟹要先煮过，然后用辛香料腌过再炙烤，味道远远在煮蟹和油炸蟹之上——这是我的评量。

第三章　乡土原味

在黄貂鱼馆用晚餐的第一道菜是加了奶油酱的凉拌酸味包心菜丝，因为消耗得十分快，所以随时来吃都是新鲜脆嫩的。我们还另外点了好吃却火辣的新奥尔良式烧烤虾。这道边剥边吃的虾很嫩，但是吃的时候要自制，不能吸吮沾在手指上的酱料，否则就会吃辣过量了。

"岛女"点了1客红鲷鱼排。这鱼排做法简单，味道却不凡，周边虽然有点焦，中间却是鲜嫩无比。她吃完鱼排了，我才吃到第三只螃蟹。看着我吃实在令她觉得无聊，所以在我吃到大约第七只的时候，她暂时告退，走到室外平台上去欣赏落日了。这样也好，免得我在她的逼视之下不得不加快速度吃。

正是因为吃螃蟹不能快，海湾沿岸的螃蟹屋和专卖烧烤螃蟹的餐馆越来越少了。一星期后我与黄貂鱼馆老板乔治·弗拉提斯（George Vratis）通电话，他告诉我："螃蟹屋正走上汽车电影院之路，这两种生意都是不懂得利用空间的。"现代的经营者都把饭馆的桌位当作房地产来处理，要把桌位租出去了才能赚钱，交了租金的人待的时间越短，你就越能及早把桌位再租出去多赚一点钱。据弗拉提斯说，点了"螃蟹吃到饱"的客人平均占据桌位的时间是90分钟。一般餐馆的平均占桌时间是50分钟。所以，弗拉提斯说，懂得利用空间的"乔的螃蟹屋"（Joe's Crab Shack）连锁店里的4只螃蟹就要卖10.95美元。黄貂鱼馆的吃客悠闲多了。

"我不计较这些，"弗拉提斯说，"只要客人觉得我的螃蟹好吃，整晚待着不走也没关系。"有些最受他欢迎的客人都是老资格的螃蟹吃家，一坐就是一两个小时，要吃上二三十只螃蟹才够。

我多么希望菲尔能在场帮我加油打气，因为我知道自己有达到高段吃家的潜力。可是岛女等着我送她回休斯敦，我独自一人敲螃蟹壳久了也嫌单调。况且，我的一只拇指因为被蟹螯下面的尖刺扎到而流血了。（这也算是保持我的个人纪录：我没有一次吃螃蟹不流血的。）所以我在 1 小时又 20 分钟内吃完 14 只之后，不得不叫停了。这种成绩不算好，下回一定再接再厉。

炸鸡文化

我和女儿朱莉娅（Julia）坐在"弗伦奇鸡肉"（Frenchy's Chicken）外面光亮的长条不锈钢桌位上，两手换来换去拿着三块烫炸鸡。因为没有盘子，炸鸡太烫还不能吃，我们要把装炸鸡的纸袋撕开当垫子用，所以只得把炸鸡来回抛着。这是个有阳光的凉爽的秋天上午，斯科特街（Scott Street）的这一段正好在休斯敦大学的罗伯逊体育馆（Robertson Stadium）投过来的阴凉中。有一些全家出动的黑人，衣着端庄，走向隔壁的浸信会教堂参加礼拜。

这儿是休斯敦的第三区，别人都有自己的正事，我们父女俩却在惊叹弗伦奇炸鸡之妙。这炸鸡完全不滴油，而且没有油光闪闪的样子。就我所知，外面这一层干而香辣的皮是用面粉、盐、胡椒、辣椒粉混合而成——辣椒粉用得很慷慨。奇怪的是，这炸黄的脆面糊不会一咬就掉下来，它黏着鸡皮、鸡皮黏着鸡肉，让吃的人一口有三种享受。难道里面用了什么神奇的黏着剂？

"炸鸡不会有比这个更好的。"女儿下了这样的结论，一面把一块大腿上的脆炸皮吃干净。我想她说的八成没错，但是我们即将进行一场周日下午随走随吃的第三区炸鸡摊检测。

这并不是我第一次在第三区吃炸鸡。反之，是因为我两星期前的一次吃炸鸡的绝妙经验，使我有了这品味检测的构想。那天是道林（Dowling）街和亚拉巴马（Alabama）街口的"安小姐游戏圈"

这家餐馆的"蓝调与烧烤"之夜。理查德·厄尔（Richard Earle）表演了他新发行的 CD《灰狗蓝调》（*Greyhound Blues*）之中的几首曲子。老板博比·刘易斯（Bobby Lewis）做了牛小排。那牛小排精彩极了，但是因为待在那儿喝啤酒听蓝调耗得太晚，回家途中肚子又饿了。

突然想起在走出"安小姐"的时候，在码头做装卸工的罗里·米金斯（Rory Miggins）对我说："你去吃吃看埃尼斯街（Ennis）上新开的一家炸鸡摊，叫作'亨德森炸鸡棚'（Henderson's Chicken Shack），炸鸡棒透了，会营业到很晚。"米金斯以前介绍过很不错的地方，所以我听从了他的建议。

在亨德森的炸鸡店，一切都是现点现做，客人得等 20 分钟。我点了一块鸡大腿、一块鸡胸肉，还有薯条，这是一套两件盛在篮子里的。点毕我便坐下来等。小小的前厅里有个唱片点播机，我按下《海湾码头》（*Dock of the Bay*）这一首的号码，听奥蒂斯·雷丁（Otis Redding）的歌来抒发无所事事的等待心情。

开车回家途中，我吃掉大半的薯条。炸鸡厚厚的酥炸外皮非常好，还有两片白面包可以吸沾肉汁。篮子里另有一些腌黄瓜和哈拉佩诺辣椒。这是很棒的一顿消夜，不过我仍旧注意到鸡胸肉的中间有一点老。

几天后，我于傍晚时分来到远近驰名的"弗伦奇"，点了和亨德森店里一模一样的东西。结果发现，薯条软趴趴的，又太油了，但是炸鸡好得不行。酥炸的外皮比亨德森的薄，也稍微辣一点，但是鸡肉从里到外全是鲜嫩的。我想到上一次的炸鸡是带回家才吃的，在开车这一路上已经放凉了，所以这样比有欠公平。我决定把炸鸡测验从头来过。

在美国南方，炸鸡不只是一种食品而已，而是南方文化的一个符号。因此，肯德基炸鸡（Kentucky Fried Chicken，KFC）最新的广告找了《宋飞传》（*Seinfeld*）里面饰演乔治的那位贾森·亚历山大（Jason Alexander），很让人觉得突兀。这位秃头的纽约佬，与原始广告的那位多毛的南方上校实在相差太远。新广告中，亚历山大宣称炸鸡不是快餐，而是属于慢功烹饪层次的东西。

《广告时代》（*Advertising Age*）杂志社的鲍勃·加菲尔德（Bob Garfield）对于这种说法做了如下的表示："说油炸是慢功烹饪，就好像说强奸是诱奸。炸鸡好吃，这没有错，但是暗示它比其他快餐有精神上的优越性，就是存心唬人。……我们说点良心话吧：一顿 KFC 吃下来，纸餐巾就像做完油脂手术的纱布包扎一样惨不忍睹。"

显然，请纽约客亚历山大做广告的用意，是要帮 KFC 在流行发牢骚与出口伤人却不流行炸鸡的地方打天下。"炸鸡不是快餐，不再只是南方人爱吃"的战略策划者，乃是 KFC 新觅的广告公司——纽约的"BBDO 全世界"（BBDO Worldwide）。把某种地方风味的食物从孕育它的文化气氛中抽离，再找个名人"把它推向主流"，正是美国广告业最擅长的文化摧毁手段。

然而，炸鸡具有一种营销天才也不能否认的南方灵魂。这不是我一人说的，只要在谷歌网上搜寻"炸鸡"，排在最前面的十个项目之中就有一个达拉斯的个人网站，名为"上帝创造炸鸡"（God made fried chicken）。还有北卡罗来纳州的一本南方文学期刊，名称是《隆齐的炸鸡》（*Lonzie's Fried Chicken*）。

隆齐乃是该期刊主编戈林（E. H. Goree）童年时家中的黑人女仆。

"星期四所有芳香之中的女王是炸鸡，在炉旁的黄色漆布台面上，在母亲的一只盛菜的大碗中静待着，"戈林写道，"要克制去剥一块酥炸皮的渴望，几乎不可能。在 1998 年初，需要为一本刊载易懂的南方小说及诗歌的文学期刊冠上最贴切的名称……我根本无须考虑。我生命中还有什么事物是这么悦人的，这么任你取用的，这么能使你在品味它时如获至宝的？"

我敢打赌，隆齐的炸鸡一定不会在餐巾上留下油渍。一般人以为炸鸡必油，其实真正上乘的炸鸡是不油的。《无畏的油炸》(*Fearless Frying*) 的作者约翰·马丁·泰勒（John Martin Taylor）说过，只要油够热，沾了面糊的东西丢进去会被立刻封住，不会吸油。此乃油炸的诀窍所在。

"炸鸡并没有秘方。"泰勒说。把鸡剁块，撒上盐和胡椒，沾好面粉，再放进一大锅很热的油里炸即可。肯德基炸鸡号称的"11种秘方辛香料"又是怎么一回事？泰勒说，那一套早被威廉·庞德斯通（William Poundstone）在 1983 年发表的《大秘密》(*Big Secrets*) 之中拆穿了。庞德斯通委托一家实验所做了成分分析，结果发现只有面粉、盐、胡椒，以及谷氨酸钠（即味精）。

我们完成"弗伦奇"的试味测验时，才上午 11 点 40 分。亨德森炸鸡棚要等到中午才开始营业。因此，为了排遣这一段时间，我们去了"卜派炸鸡"（Popeye's）。按我的盘算，"卜派"可以充当我们炸鸡实验中的对照组。我料想"弗伦奇"与"亨德森"都将有好几颗星的优等成绩，所以要找一些普通的炸鸡定一个基本标准。

我在斯科特街和霍尔库姆街（Holcombe）口的这家免下车的"卜派"加盟店，点了两块鸡大腿和一些红豆酱配白饭。我们把车子开进店后的空地停下，开始试吃炸鸡。大腿肉都很小，炸得很黑，而且油光闪亮。朱莉娅拿的这一块滴油不止。我们吃了两三口之后便把这倒胃的炸鸡扔掉，但随即演了一场父女档的滑稽短剧。因为手上全是油，先是我的笔滑掉了，继而朱莉娅的汽水瓶滑掉了，然后我的笔又滑掉了。我做笔记的纸上沾满油渍，我们俩都费了很大力气才把盛红豆酱和饭的盒子打开，结果发现里面饭多酱少，索然无味。

平常时候我还蛮爱吃"卜派"炸鸡，今天也许是因为时间太早，炸鸡的人尚未进入状态吧。"卜派"炸鸡连锁本店创于新奥尔良，推广的是"克里奥尔"风味的炸鸡。路易斯安那的克里奥尔炸鸡其实与传统式南方炸鸡差不多，不同的只在辣味，克里奥尔炸鸡要加辣椒粉。除此之外，"卜派"炸鸡也把搭配炸鸡的传统克里奥尔食品如小面包、红豆酱配白饭、哈拉佩诺辣椒，一并介绍给爱吃炸鸡的人。

"亨德森"刚开门营业，我们就跑来点了2块鸡大腿、1块鸡胸，以及一些红豆配白饭。这个小店面里仍然挂着庆祝开幕日的那些彩色缀饰。顾客在窗口点炸鸡，可以一直看进后面一尘不染的厨房。

"亨德森"的炸鸡把我们弄糊涂了。一共是3块，但是看起来都像是鸡胸。后来我才明白，鸡腿肉竟然比鸡胸肉大。"是啊，他也是这么说。"窗口服务的女士说着指一指正在炸鸡肉的厨师。

是因为他们用的鸡养到比较大，才会有这么硕大的腿和这么白的肉吗？抑或是他们用特别品种的鸡？我无从确知。但是我和女儿一致认为，这些鸡腿比"弗伦奇"和"卜派"用的都高明。鸡胸也是每一口都是鲜嫩的。外面的酥炸皮不如"弗伦奇"的干净利落，但是也不会太油。3块炸鸡的量非常大，红豆酱配白饭尚可，但是酱里少了应该有的猪肉丁和香肠末。

"亨德森炸鸡棚"不是加盟店，也不是连锁店。老板安·亨德森（Ann Henderson）是在路易斯安那州新伊比利亚（New Iberia）生长的克里奥尔人。她这家店做事毫不含糊，客人点什么，他们炸什么。现点现做的地方，客人必须等，这会令人不耐烦。但是等你吃到既热又脆的炸鸡，就会认为等待是值得的了。假如你是要带回家吃——多数客人如此，开车途中正好把炸鸡放凉一点，到家时的热度刚刚好。"亨德森"的炸鸡是不是和"弗伦奇"的一样好呢？是，但也不是。

"弗伦奇"于1969年开张，老板佩西·克卢佐（Percy Creuzot）也是路易斯安那来的克里奥尔厨师。现在的"弗伦奇"乃是一个疯狂爱吃炸鸡的城市里最有名的一家炸鸡店。这儿的炸鸡不是客人点了他们才动手做的，他们无须如此。因为外面永远有人在排队，足以担保你买的每一块炸鸡都是现做的。这种情形互为因果：因为"弗伦奇"炸鸡生意这么好，所以"弗伦奇"炸鸡生意才会这么好。至于他们的红豆酱白饭，酱里全是香肠丁，这对"弗伦奇"的生意当然也是有益无害的。

我强烈建议读者自己做一次第三区克里奥尔炸鸡试吃测验。至于我们的测验结果，我必须承认的是，挑战者"亨德森炸鸡棚"的炸鸡肉质和量都略胜一筹。但卫冕者"弗伦奇"的炸鸡酥皮香辣、无油、口味佳，加上红豆酱白饭，仍然稳坐冠军宝座。"卜派"炸鸡则是远远落后的第三名。至于KFC——不提也罢。

第四章

欧洲人的怪癖

乳酪的战争

位于阿尔卑斯山一个悬崖上的这座有围墙环绕的城堡，堡垒上有格吕耶尔（Gruyère）的旗帜迎风招展。旗子是白底，中央有一只凶猛的鸟。按传说，格吕耶尔的首任领主某日出猎时决定，要以当日猎杀的第一个猎物为自己的领地命名。结果他猎到了一只鹤（法文即 grue），此后他的称号便是格吕耶尔伯爵了。

我以为在这有围墙的格吕耶尔村（Gruyères，字尾加了一个 s，以区别字尾没有 s 的格吕耶尔区）会看到一些制作乳酪的人，却连一个也没有。原来这座有防御工事的城堡当初不是为生产乳酪而建，而是为了捍卫乳酪而建的。"捍卫乳酪"听来也许有点奇怪，但是我现在对这个用语已经很习惯了。其实，我大老远从得州跑到瑞士的阿尔卑斯山区来，就是因为乳酪激发了我的捍卫意识。

我怎么也没料到，自己会因为给《美国风》写了一篇加乳酪的辣肉馅玉米饼的食谱而成为欧洲民族主义者攻击的靶子，成为某种秘密社团的敌人，终至卷入一场历史悠久的国际大战。

我不过是在文章里说，我在巴黎一家得州墨西哥风味的馆子吃到的加格吕耶尔乳酪的辣肉馅玉米饼堪称我所吃过最佳的。我并且附上一道食谱，又说：难怪法国人做的乳酪辣肉玉米饼这么好吃，实在是因为法国乳酪世界第一。就是这么一篇短文使我身陷始料未及的国际美食争端。

　　一位大名弗兰克·宾佐尼（Frank Binzoni）的加州读者，来信质疑我判断乳酪优劣的正确性，并且暗示我大概是个没见过世面的乡巴佬。"格吕耶尔是只有瑞士在生产的一种乳酪，"宾佐尼致主编的来函中说，"沃尔什应该多到得州以外的地方走走。"

　　当时我就确定格吕耶尔乳酪是法国和瑞士都在生产的，因为我吃过不少法国的格吕耶尔。所以我决定把事情弄个清楚。我很天真地打电话到宾佐尼家里，念了一段摘自法文饮食百科全书《拉鲁斯美食》（*Larousse Gastronomigue*）的文字给他听。照百科全书上说，法国与瑞士都生产格吕耶尔。宾佐尼却不为所动。显然是因为百科全书是法国人编的，所以他觉得不足采信。孰是孰非之争开始冒出火药味了。

　　格吕耶尔这个题目引人好战，也许和它的历史背景有关。罗马人初识这种硬乳酪，是在公元前40年入侵侏罗山脉（Jura Mountains）一带的时候；格吕耶尔乳酪真正成为瑞士人生活的重心，却是在中古时代。

　　格吕耶尔文化起源于侏罗山区的谷地居民开始在夏季把牛带到山上放牧的时候。这样做是为了让谷地的牧草长大，以便储存为冬季饲料之用。牧牛者把山上的树砍了，清出牧草生长的空地，并且用这些木材盖了"山区农舍"（chalet，亦即后世所称的度假小屋）。然而，夏季的高山放牧又制造了另一个问题：大量的牛乳该怎么处理？他们既不可能把牛乳运下山来，又不可能把牛乳储存起来。所以他们用这些牛乳做了后世熟知的轮胎形状的乳酪。因为有山中咸水泉供应取之不竭的含盐的水，使得这种乳酪变得很硬。

乳酪是人们早已在制作的食品。但是这种乳酪与众不同，它不像软乳酪，它是可以经年存放的。这样的乳酪给自家人食用是十分便利的。但是，只要有30头乳牛，一个家庭就能每天做一个70磅（约31公斤）重的轮胎状乳酪。养牛的人家自己消耗不完这么多乳酪，便开始用这种乳酪去跟别人换日用必需品。没有多久，这种硬乳酪便扬名在外，成为高价值的商品。

最先发现硬乳酪真正价值所在的，不是美食家，却是军人。要带一支大军跋涉积雪的阿尔卑斯山，粮食供应是一大问题，而侏罗山硬乳酪乃是军队所能取得的最佳耐久蛋白质来源。因此，放满硬乳酪的仓库就变成银行一般——是一大笔可用资源。可想而知，人们开始来抢劫这个银行了。

建造起有围墙的格吕耶尔村，就是为了防止盗贼和游走的军队来抢农民的谷粮和乳酪。农民因为财产受到保护，要向历任的格吕耶尔伯爵缴税——所缴物品即是乳酪。

后来，格吕耶尔伯爵因为要筹措远征军队的经费而向瑞士银行告贷，等到伯爵欠债不还，瑞士银行体系便接管了格吕耶尔伯爵的领地和乳酪，成为该区域的首要政治势力。《拉鲁斯美食》百科全书讲到这里，又接着说，法国人和瑞士人都宣称格吕耶尔乳酪是自己发明的，这个争执始终没有定论。

我既以美食写作为业，又担任过辣酱比赛、啤酒品尝会、烤贝果比赛的评审，看来谋求定论是我义不容辞的了。按照宾佐尼的忠告，我该到得州以外的地方走走，尝尝两个生产国的格吕耶尔乳酪，确认一下法国格吕耶尔的正宗地位。

我岂知，这看来小题大做的自夸权之争，其实是场大规模的文化战，是饮食历史上延续最久的贸易竞争之一。这个题目是不可以拿来开玩笑的，至少在这座瑞士城堡里是不可以的。

在格吕耶尔堡（Chateau de Gruyères）的中庭大院里，一个秘密社团正在重演他们的隆重仪式。每个人都穿着宽松的白袍子，系着鲜红和鲜黄的宽腰带，佩戴着有一只鹤立于轮形乳酪上的徽章。他们站在一张摆设好似祭坛的桌前，桌上放着制作乳酪的工具，中央有一大轮格吕耶尔乳酪放在木制的扁担上，以前的农人便是用这种扁担把一个个的乳酪运下山来。

这些人是格吕耶尔同业工会（Confrérie du Gruyère）第 27 分会的会员，每人伸出一只手放在乳酪上，宣誓要维护他们钟爱的乳酪的荣誉。

新加入的会员必须掌握这个社团的秘诀。"我们要教他们如何爱惜格吕耶尔，"分会的总监说，"这是神圣的使命。"

格吕耶尔同业工会的使命并不止于穿上白袍子作势或指着乳酪发誓。这个团体也投入了一项由来已久的行动，要说服世人相信只有瑞士人做的才是真正的格吕耶尔，也要对抗我这种不相信他们的旁门左道之徒。

事实是，瑞士人从 1939 年起就试图循国际法律途径争取"格吕耶尔"这个名称的独家使用权。若能像波尔多（Bordeaux）、香槟（Champagne）、罗克福尔一样获得"法定产区"（appellation d'origine contr.lée，AOC）的正名担保，将可大幅提升瑞士每年出口的 7000 吨格吕耶尔乳酪的价值。格吕耶尔同业工会的会员们也会大悦。

瑞士与法国的疆界从侏罗山顶上划过。法国的这一边是法兰西孔泰省（Franche-Comté），这个地方的人也制作乳酪，几百年来就叫他们的乳酪"格吕耶尔"。

瑞士人说法国人把别人的名称占为己有，法国人则说没这回事。中古时代的法国就有一种叫作格吕耶尔（gruyer）的官员，职务除了管理森林，就是收税——这税即是用乳酪缴纳的。按法国人的说法，缴税的乳酪便用"格吕耶尔"这个官衔命名，现有12世纪的税收记录为证。

因为法国阵营中有大批学者、历史学家、律师，所以瑞士人每一次企图独占"格吕耶尔"这个名称的行动都是无功而返。所有国际法律之争的根本只在一个问题：最初制作格吕耶尔乳酪的究竟是瑞士人还是法国人？

"两个都不是。"法国人尚·阿诺（Jean Arnaud）说。从祖上算下来，他已是第七代的乳酪制作者了。"我家书房里有150本书是讲这种乳酪的，"他微笑道，"其中25本是专门讨论瑞士和法国的格吕耶尔名称之争的。"

阿诺的家族企业"阿诺兄弟乳酪厂"（Fromageries Arnaud Frères）设在波利尼（Poligny），与瑞士只有山脉相隔。在他们的乳酪成熟地窖楼上的会客室里，他让我见识了一下他在这方面的丰富知识。他在一面黑板上画了一个大椭圆。"你看，这是侏罗山脉，"他说，"在古罗马时代，侏罗地区的原住民是瑟冈尼人（Sequanes）。"他说着便在椭圆之中写下这个名字："公元前40年的古罗马文献就记载了瑟冈尼地区制作乳酪的程序，包括使用的木材、牛乳、盐等。现在的制作程序仍然是一模一样。"

他用粉笔把椭圆从北往南画了一道直线，把瑟冈尼地区从中央切成两半。"这是现代的法国和瑞士的国界，"他说，"最初的格吕耶尔乳酪既不是瑞士制也不是法国制，因为公元前40年的时候还没有这两个国家。"

1959年间，法兰西孔泰省的乳酪业者自认名称保卫战胜利无望，便决定申请"孔泰"的名称注册。阿诺说："格吕耶尔的名号在法国是无人不知的，孔泰却不然了。因为顾虑到姜身不明的问题，孔泰乳酪业者用"格吕耶尔之冠的孔泰乳酪"的品名来营销。"孔泰乳酪其实仍是格吕耶尔乳酪的一种。"阿诺说着，引我走下阶梯，进到存放乳酪的地下仓库。据他说，如今的格吕耶尔一词是一个乳酪家族的总称了，他要在地窖里给我实地上一课。

阿诺取过一只像碎冰锥的工具，但它是中空的。他用这只尖锥从一轮巨大的孔泰乳酪中取出样品。我掰下一点试吃后，他再把这一小锥的乳酪仔细地放回原位。然后他又取了瑞士格吕耶尔的样品给我试吃，两者的风味差别很大。孔泰味道淡口感硬，瑞士格吕耶尔味道浓口感比较滑腻。

瑞士格吕耶尔是用全脂牛乳做的；孔泰用的是撇取奶油之后的牛乳，所以含脂量少了10%。两种风味都好，但是我对阿诺直说，我比较偏好瑞士格吕耶尔的浓烈气味和软滑口感。既然如此，阿诺认为我一定要尝尝博福尔（Beaufort），此乃是法国萨瓦耶地区出产的格吕耶尔。

博福尔是按照古法制作的。现在的孔泰和瑞士格吕耶尔虽然已经是大企业在制造营销了，仍有农家在山区里按中古时代的方法制作乳酪。这种乳酪叫作"山地牧场乳酪"（fromage d'alpage），所使用的全脂牛乳来自山地放牧吃嫩草和野花的乳牛群。我尝的博福尔油脂多而味醇，毫无疑问是我所吃过的风味最足的格吕耶尔乳酪。

瑞士人也有他们自制的山地牧场乳酪，品名"莱堤瓦"（L'Etivaz），我在阿诺的地窖也尝到了，味道比博福尔更浓，口感是滑润的，吃完嘴里仍留有香醇味道，品质上乘。我不知该说博福尔比较好，还是莱堤瓦比较好。总之，不论用哪一种来做辣肉馅玉米饼，效果都是极佳的。

我尝遍这个乳酪家族，不难理解瑞士人为什么没办法坚持正牌格吕耶尔只有一种。阿诺告诉我，美国的威斯康星州、阿根廷、澳大利亚如今也都在做"格吕耶尔"乳酪。令我意外的是，前不久还有一个瑞士乳酪主管单位的代表团过来找过他，问他争取名称独家使用权的可行性。

"我跟他们说，现在想要注册格吕耶尔的独家使用权几乎是不可能的事，"阿诺说，"瑞士格吕耶尔的确是优质乳酪，我也希望有什么办法帮它确立地位。可是现在要来阻止别人再用这个名称就太难了。如果他们用'瑞士格吕耶尔'，或是'弗里堡格吕耶尔'，也许可以得到独家。"

所以，乳酪的激争仍在继续。瑞士人说他们的才是正牌格吕耶尔，法国人却不让步。我以前还一直觉得得州朋友在烧烤的题目上太好争了，如今算是领教了真正的好争阵仗。

终极泡菜

斯特拉斯堡（Strasbourg）大教堂的尖顶好像多云天气里的山峰，被顺风飘过的灰色云雾遮得看不见了。我为防秋凉而穿的薄外套，根本抵挡不住从莱茵河吹来的刺骨寒风。广场对面那半木制的宏伟4层楼建筑，里面开着一家本地有名的餐馆"康梅泽尔屋"（Maison Kammerzell），也是我和同伴能避寒的最近的去处。在这舒适的老式餐厅就座后，我看着菜单，眼睛不禁越睁越大：菜单上有整整一页都是各式各样的泡菜。在法国的阿尔萨斯地区，泡菜（当地叫作 choucroute）乃是特有的名菜。

菜单上有泡菜猪肉、泡菜鸭肉、泡菜刺山果与鳀鱼、泡菜鱼培根，我的同伴点了泡菜鱼培根。我们俩以前听也没听过泡菜鱼，结果发现味道甚好。我从菜单上挑了一个"非常泡菜"，端上来的是堆得高高的、雷司令白葡萄酒（Riesling）调味的软而热的泡菜，以及三种油亮的香肠、一块娇红的猪腰肉、鲜嫩的猪排骨、脆脆的培根、黑黑的油血肠、清淡的肝肉圆和猪脚。我兴奋地大快朵颐。我这个泡菜迷算是中了头彩啦。

我童年早期的饮食记忆大都离不开泡菜。在我外婆家吃饭，什么都可以配泡菜。泡菜加洋芋泥的味道至今仍会使我思乡之情汹涌而感到鼻酸。我怎能忘得了外婆做的"帕嘎奇"？这道东欧点心是用泡菜炒培根为馅包在比萨面皮里。

大学时代，我常和同学们闲坐着谈起各自怀念的家中美食，那时候我才发现自己和美国文化有点脱节。同学们深情怀念的是妈妈做的肉饼、炖牛肉、炸鸡、苹果派，我温柔赞叹的却是外婆做的泡菜，每每引来旁人齐声的一阵"呃——"，以及认为我脑筋有问题的表情。

对于泡菜这种东西，你只可能有喜爱或厌恶的反应，多数美国人似乎都属于后者。美国人说到泡菜通常只会联想到热狗，要不然就是想到世界美食中排名殿后的德国菜。多年来的经验告诉我，烹调泡菜会使你请的客人与你疏远，也会使同一栋公寓建筑中的其他房客抱怨你的厨房在飘送异味。

成年以后的我为了不得罪人，学会抑制自己对泡菜的渴望。有时候，没有别人在身旁了，我就给自己做一种单人泡菜大餐。

后来，我第一次到阿尔萨斯旅行。那是多么痛快的解放啊！我发现我对腌包心菜的迷恋在这个地方竟是再正常不过的事，而这里人人都像外婆一样喜爱泡菜，这是多大的喜悦啊！阿尔萨斯不但是泡菜王国，而且是西方世界最受尊敬的烹饪传统的一分子。泡菜也算法国菜系，这概念太棒啦！

那次初游阿尔萨斯之旅，跑的地方以一系列酿酒葡萄园和试饮室为主，就是所谓的"葡萄酒之路"。但我每天都在住宿的小旅馆大吃泡菜，而且在其中一家发现了观光客可走的另一条路的广告简介，即"泡菜之路"（La Route de la Choucroute）的简介。当时我认为这个发现是一种具有神秘意义的启示。

可惜那已是我在阿尔萨斯的最后一天了。我依依不舍地用手指走了一遍泡菜地图，图中的各个村镇都标示着拟人化的卡通培根片、包心菜、香肠串。我立誓总有一天会再来，虔诚地朝拜这些泡菜圣地。

那次立誓是许多年前的事了。但是现在才来并不嫌迟，我不但可偿夙愿，而且有和我一样热爱泡菜的女友同行。我俩最初感到情投意合，也许正是因为彼此有这项共同爱好。爱吃大蒜的人会寻觅不怕蒜臭的伴侣，同理，惯吃泡菜的人要与闻到泡菜味不捏鼻子的人相恋才会有幸福。

我们把租的车子开上朝斯特拉斯堡北行的"泡菜之路"的柏油干道，心中充满了期待。浏览过这张简介上面所列的十多个项目后，我们决定从一家以传统泡菜自豪的乡村旅店展开朝圣之旅。这家老旅店一进门有个酒吧台，当地人都坐在这儿边饮啤酒边论足球。我们往后走进用餐室，坐进一个舒适的卡座。从玻璃窗可以看见一片美丽的包心菜田，我们欣赏着美景，也迫不及待点了我们到此的第一盘泡菜。

我拿起小巧的斟酒壶为女友和我自己倒上雷司令葡萄酒，一面开始发起牢骚："问题出在美国人挟出罐子里的泡菜就直接吃了，他们以为泡菜就是夹在热狗里吃的东西。"人家阿尔萨斯人会用鹅油和雷司令葡萄酒烹调泡菜，加上杜松果香味，还给泡菜高贵菜式的原貌。

话才说完，一大盘冒着热气的泡菜就摆在我们面前了。上面有两节香肠、一点点培根，以及一片半肥瘦的猪肉。另有芥末和辣根可蘸。泡菜嫩软，但是淡而无味。香肠分别为一根熏肉肠、一根蒜肠。猪肉太肥，女友不敢吃，所以只能吃香肠。

"嗯，好吃！热狗加泡菜。"她调皮地笑着说。

我无言以对，即使我刚大赞了一回阿尔萨斯泡菜烹调，这一盘却比康尼岛热狗（Coney Island）加酸包心菜丝好不到哪儿去。我们吃的少，剩的多。在开车前往简介图示的下一家餐馆途中，我仍忍不住牢骚。结果发现第二家是个比萨店，供应熏鲑鱼凉拌泡菜。我们略吃了几口冷泡菜，挑出鲑鱼和面包奶油一起吃了，用叉子再翻了一会儿泡菜，就告别了这个地方。

连着几天，我们试吃了简介地图上一家又一家的餐馆。我们吃了泡菜大比目鱼加奶油酱、泡菜鲽鱼培根、泡菜火腿肉。有些菜式颇不赖，但是颇不赖是不够的。我们这一趟来是想攀上泡菜的最高峰，想一尝神仙也要称羡的泡菜美食，不能这样就打发了。

狂热的爱好会使人越来越挑剔，爱吃某种东西的人会如此，爱吃泡菜的人也不例外。如果你是爱吃烧烤或比萨的人，你不会见了什么样的烧烤、什么样的比萨都照吃不误。反之，你吃过的样式越多，越有作比较的依据，你的嘴巴也就越刁。

"也许那些馆子给了钱，才会登上这个餐馆路线，大概是因为生意太冷清了。"女友说着，我们正走进又一家无人光顾的餐厅，而此时正是星期六中午应该满座的时候。我担心她说的是实情。那份旅游简介一共列了29家餐馆，其中也许真有几家好的，可是我们已经没时间去碰运气了。

这次泡菜朝圣之旅，我已经投入很多时间和精力，难道就这么算了？我现在只求能尝到一盘真正美味的泡菜烹调。我们当然可以再吃一次"康梅泽尔屋"，我已经知道这家观光客趋之若鹜的餐馆有好吃的泡菜菜式，但这样做无异于撤退认输。

"把这个泡菜餐厅简介扔了，拿美食指南出来找吧。"我坚决地说。

我们带了"米其林"（Michelin）的指南、《戈米兰》（*Gault Millau*）指南，以及帕特丽夏·韦尔斯（Patricia Wells）的《美食家的游法指南》（*Food Lover's Guide to France*）。接下来的一个小时，我们喝了几杯"雷司令"，反复核对各种地图和餐馆排名表，终于把搜寻终极泡菜的目标缩小为一家餐馆。这家名叫"雄鹿"（Le Cerf）的餐馆在斯特拉斯堡西北边的马伦汉小镇（Marlenheim）上，只需半小时车程。

帕特丽夏·韦尔斯爱极了这家馆子；米其林给它的评等是两颗星，并推荐泡菜乳猪这道菜；戈米兰给它 18 分（最高分为 20 分），说这儿的泡菜乳猪是"小规模的巨作"。就这么定了，今天晚上非上这家馆子不可。

女友去打公用电话订位，却带着沮丧的表情回来，我知道大事不妙。"位子全被订光了。"她叹气说道。我早该料到这个结果。星期六一时兴起要在这么有名的餐馆订当晚的位子，成功的概率小到近乎零。可是我们明天就要离开阿尔萨斯了。怎么办？

我俩默不作声把车子驶出停车坪。到加油站停下来等加油时，女友问我："我们该怎么办？"我已经有了主意，得要她出马，她会说法语，我不会。但是我不知道她愿不愿意。

"你要苦苦哀求。"我说。

"什么？"

"你得去再打一次电话，你要把主厨找来接电话。你要跟他讲，我们大老远从美国跑来想吃泡菜美食，可是希望一再落空。你跟他讲，我们只要一份他的泡菜乳猪。"

"可是他们说已经没位子了。"女友抗议道。

"跟他说我们可以在厨房里吃。跟他说我们可以在停车坪吃。跟他说我们带走回旅馆房间吃……"

"用法语说吗？"她说着两手抱住头。

"宝贝，你也晓得，要是我能说我就自己去说了。我求求你。"

女友在没有玻璃门、没有隔间板的公用电话上哀求，待在维修部门的技工和车主都听呆了。我不知道她讲了些什么，但是看看加油站这些人脸上的笑容，可想而知是很动人的。她在挂上电话之前至少说了一百遍 merci（法语"谢谢"），结果应该是不错的吧。

"你可要好好报答我了。"她得意扬扬地走回来。

"他们答应我们在停车坪上吃了？"我问

"不是的。'雄鹿'的第一批客人是 8 点钟上座，我们俩必须 7 点准时到，然后可以坐在餐厅里用餐，但是 8 点钟就得走人。"

我兴奋地吻她，并且发誓对她的恩情永志不忘。

7 点整我们到达"雄鹿"，我换了西装领带，她穿了一件叫人眼睛一亮的洋装。我们迅速就座，有点儿为自己的死皮赖脸感到惭愧，但是餐馆的人都很亲切有礼。我们锁定的目标物在菜单上是 "Choucroutèa notre fa. on au cochon de Lait de Kochersberg et foie gras fumé"，意思就是"本店泡菜及科赫斯堡乳猪与烟熏鹅肝"，定价 185 法郎，约等于 30 美元。服务员显然已经知道我们要吃的是什么，他推荐了一种特别的阿尔萨斯葡萄酒，1993 年的荷里根斯坦葡萄酒（Klevener de Heligenstein）。"这是我们所谓的珍稀之物，"服务员说，"是托卡伊（Tokay）和'雷司令'的混合，稍有甜味，正好配泡菜的烹调。"我们点了一瓶，先啜饮一点。餐馆的人员正在安排餐桌陈设、擦拭银器，我们并不在意，几天下来，我们已经习惯了没有顾客的餐厅。

终于，泡菜乳猪来了。盘子一摆上桌，我们就被浓香包围了。泡菜染了赤褐色，周围摆着小片的乳猪肉，两侧放着小小的排骨和圆圆的腰肉。另外还有一个蛋形的鹅肝奶油冻、一条细细的黑香肠、几个浑圆的马铃薯球，以及炸脆的培根。中央端坐着的是熏鹅肝和一束新鲜的鼠尾草叶。

入口即化的泡菜上染的赤褐色，是用烤乳猪的原汁加鼠尾草调味的浓缩酱汁制成。一连几分钟，我的感官知觉完全贯注在如何逐一把泡菜、马铃薯、猪肉、培根、鹅肝送进嘴里。偶尔我会放下叉子，端起酒杯，以便女友在我把盘子一扫而空之前也能尝尝我所吃过最精彩的一道泡菜。

主厨米歇尔·于塞（Michel Husser）从厨房出来，朝我们的桌位走来，我几乎要起立鼓掌。这位年轻英俊的主厨客气地问我们觉得泡菜如何，我把我所知道用来赞美的法语形容词最高级全都念出来，仍不足以表达我的幸福、快慰与感激。

我太心满意足了，甚至不在意我们的一小时停留许可即将结束。但是，临走之前我还有问题要请教米歇尔。首先要问他这道菜的灵感是怎么来的。他说"雄鹿"的主厨本来是他的父亲罗贝尔·于塞（Robert Husser），他接手才几年时间。以前他父亲都是用传统泡菜烹调方式，但是他自己是巴黎名厨阿兰·桑德朗（Alain Senderens）的弟子，他想设计新的菜式，使传统的口味更上一层楼。于是他取消了一般的猪肉片，改用喂乳汁的小猪。不用牛肝、猪肝，改用鹅肝丸子和熏鹅肝。培根用焦糖熬过，马铃薯是手工削的，烧乳猪酱汁乃是"新式烹饪"推广的加味浓缩酱汁。你若是位泡菜迷，会觉得这整体效果是超凡入圣的。

我还有一个问题："我们经常看到泡菜配鱼的菜式，是某种新式烹饪吗？""不是，这是阿尔萨斯很传统的做法。"米歇尔说，"我自己通常会在冬季推出蚝配泡菜的菜式。"

既然阿尔萨斯最精于烹调泡菜的主厨就在我面前，我还有最后一个问题：我们拿着旅游简介按图索骥，结果一路落空，请问，要想品尝阿尔萨斯最美味的泡菜烹调，该往哪儿去？米歇尔说了一些他自己偏好的主厨和餐馆。我一面记录，一面想着：我好像又回到原点了。我手上有了可以去的餐馆名单，但是明天我就得离开阿尔萨斯了。我于是再次对自己发誓，总有一天我要再来，好好把泡菜品尝个够。

世界第一

厨房非常宽敞，此刻也非常安静。从一侧整排的高大景观窗望出去，是上午时分灰蒙蒙的景致。窗外的园中花朵盛开，繁茂的枝叶投映在擦亮的不锈钢厨具和铺了瓷砖的台面上，使整个厨房弥漫着绿光。园里一棵树上正开着的尖锐花朵，好像就要直戳进玻璃窗里来。

上午10点45分，外场经理让·路易·福格多（Jean-Louis Foucqueteau）走进厨房来，他在看一张计算机打印的东西，然后把这张纸放在我正坐着的角落里的小桌子上，微笑着说："韦罗妮克·桑松（Véronique Sanson）今天会来吃午餐。"桑松是一位很红的法国歌手，显然也是服务人员特别欢迎的一位客人。

11点整，一列穿着白制服的男士肃穆地走进来，原先的安静顿时变成热闹嘈杂。我想数一下有多少戴着白色厨师高帽的人往来穿梭，但是他们走动得太快了，我每每数了一半又得从头再来。"我的厨房里有 18 位主厨，"阿尔弗雷德·吉拉尔代（Alfred Girardet）告诉我，"我们今天要做 40 桌午餐。"这位昵称"弗雷第"的名厨，已是一位传奇人物。

弗雷第·吉拉尔代的饭店是瑞士小村克里西耶（Crissier）中央最醒目的一栋建筑，外表看来不怎么像饭馆，倒更像是政府机关。这石材建的三层楼房上挂着的"吉拉尔代"招牌上方，也的确有石刻的匾额写着"镇公所"。我原以为吉拉尔代会是一幢华丽的阿尔卑斯山区小屋，不过，这么气派的模样应该更符合它的盛名吧。毕竟吉拉尔代是傲视全世界的一家饭店。

吉拉尔代号称地球上最好的餐馆已经差不多 10 年了。事情的缘起是 1986 年 11 月，当时一家名为《法国菜肴及美酒》（Cuisine & Wines of France）的杂志举办了一次国际评审会，邀请了 40 位显要的美食及品酒作家。美国的代表是首屈一指的美食评论者朱莉亚·蔡尔德（Julia Child），以及品酒权威罗伯特·帕克（Robert Parker）。这次盛会是为了评选全世界最好的主厨，结果评审选了弗雷第·吉拉尔代。

此刻弗雷第·吉拉尔代与我同坐在他的厨房里的小桌子旁。他告诉我，《法国菜肴及美酒》公布评选结果之后，法国极重要的美食指南《戈米兰》就开始称呼"吉拉尔代"是全世界最好的餐馆。继而法国最著名的两位主厨，保罗·博屈兹（Paul Bocuse）与若埃尔·罗比雄（Jo.l Robuchon）也在法国报纸的报道中这么说。

"拥有世界上最好的餐馆感觉如何呢？"我问。

"感觉不错啦。可是实在没有所谓世界最好的餐馆的说法，"他很技巧地说，"每种文化一定有他们自己的好恶。"

"你为什么把餐馆开在瑞士一个小镇的镇公所旧址里？"我再问。

"以前我父亲就在镇公所里开餐馆。他亡故以后，由我母亲和我继续经营。我们想扩大，镇公所不感兴趣，所以我们就把旧址买下来了。"

弗雷第无奈地耸耸肩。

他在看刚才外场经理拿进来的计算机打印名单，是已订座要在今天来用餐的全体客人名单，还有每位客人以前来此用餐的完整记录，包括每次来坐第几号桌、由哪位服务员服务、点了什么菜、要了什么酒。

"这样我出去帮客人配菜，才不至于推荐他们上次才吃过的。"弗雷第微笑着说，一面在名单上做笔记。

我在厨房里来回走了几分钟，观察18位主厨在午餐前忙碌时的动作。"吉拉尔代"的烹调风格曾被称为"自然烹饪"（la cuisine spontanée），其概念就是几乎完全没有前置作业。菜单上的多数菜式都尽量在客人点了之后立即用最新鲜的食材做出来。这种做法是非常费力的，因此40份午餐会需要18位主厨来做。

就在邻近我桌子的地方，一条挪威鲑鱼正被清洗、切块，一旁的挪威海螯虾正在被剥壳。这些全部都是弗雷第两小时前亲自从喷气机空运到瑞士的海产中挑选出来的。

厨房的一角有一群糕点主厨正在大理石的工作台上切水果、搅拌奶油、刨巧克力细条。他们现做的甜点将于1点钟前后放上推车送出去，比起锅里盛起立即上桌的菜，有那么两三分钟的陈旧度吧。

在吉拉尔代自己的烘焙房里，整烤盘的杂粮面包正被分置入面包篮里。面包出炉的时间是11点15分，正好有足够的时间放凉，以最恰当的温度送到客人桌上。

面包处理完毕，面包师傅们又全神贯注制作一种特别的核桃面包，是配乳酪菜式吃的。乳酪的面包做完，他们又动手烤制配咖啡的小甜饼。

我仍在厨房里逛着观看。这时候一位服务员给了我一个 amuse bouche（字面意思是嘴里消遣），即放在洋葱羹上的一粒小扇贝。他才对我说明完毕，弗雷第就把他带到旁边走廊上去训斥了一番。

"那不是圣雅克贝（Coquille St. Jacque，即扇贝），是 pétoncle（即幼扇贝）。"弗雷第强而有力地教导着这位年轻的服务员。这看来是件小事，却足以使这位事事一丝不苟的名厨冒火，是当天中午数件类似状况中的头一件。这位服务员听完训后，回来为他犯下这么重大的错误向我道了歉。

我把这鲜嫩的小扇贝，或幼扇贝，三口两口吃了，一面看着弗雷第巡视各个锅皿中的烹调，又随时指出欠缺完美之处。我这才明白，在瑞士的这个说法语的区域里，法国人对美食的热情和瑞士人对精准的热情，已经产生一种奇异的结合。

吉拉尔代饭店不但是出了名让员工战战兢兢的地方，甚至连客人用餐也要诚惶诚恐。弗雷第对大多数客人都是亲自接待，为客人的点菜选酒提供建议。假如你点的菜和酒是弗雷第认为并不相配的，他就不准你这么吃。

这往往会出问题，尤其是遇上荷包满满的外国客人时。这种客人觉得自己花了大钱吃这一餐，应该受到百依百顺的侍候。吉拉尔代的午餐菜单最便宜的是 180 瑞士法郎（约合 135 美元）——不含酒；套餐式的开胃菜可以高达 63 美元。此外，吉拉尔代不收信用卡。既然钱上不能计较，有些客人就以为自己有资格指挥这一餐该怎么做了。弗雷第却不能同意。"你们来是吃我做的菜，不是来告诉我你们喜欢怎么吃！"他威严地说。

我的目光随着他招呼客人的身影走，这才发觉餐厅布置装潢之朴素。这儿完全没有法式豪华餐馆那种金碧辉煌，没有雕刻缀饰，没有昂贵的帷帘沙发椅。整个餐厅都是采用暗色木制桌椅和中性颜色的装潢。

"这是一种极端的鉴赏，"弗雷第走回厨房时对我说，"不能有一大堆奢华的东西。"

在吉拉尔代朴素的环境里品尝美食，应该是类似在现代美术馆中欣赏空荡荡墙壁上挂着的画作，不会有别的东西来分神，除了美食没有其他引你注意的东西。

回到厨房后，弗雷第又把注意力放在我身上。一位服务员端了一盘东西来给我尝。这道开胃菜在菜单上的名字是"aiguillette de foie gras d'oie en chaud-froid aux noix et raisins, glacée au vieux Madère"，定价 60 瑞士法郎，约合 44 美元。

这是一片熟的肥鹅肝，里面塞着核桃和用 10 年陈的马德拉白葡萄酒（Madeira）浸泡过的醋栗。肥鹅肝的表面包了一层马德拉油做成的琥珀色亮闪闪的冻皮。这道菜是整整齐齐切成片的冷鹅肝与凉拌的绿色蔬菜加胡桃调味的醋油酱。弗雷第指示服务员去拿一小杯马德拉葡萄酒给我搭配着吃。

我吃了一口便呆住了。我本来以为自己是品尝肥鹅肝的老手了。我有幸吃过若埃尔·罗比雄的肥鹅肝扁豆，吃过阿兰·桑德朗的肥鹅肝包心菜，也吃过热拉尔·布瓦耶尔（Gérard Boyer）的肥鹅肝水果，三者都是美味中的极品。

然而，此刻我却像是第一次吃到肥鹅肝。我咀嚼时，陈酒的厚实轻甜、胡桃的微脆，加上醋栗的浓香，都化入鹅肝的绵密滑腴中。毫无疑问，这是我吃过的最美味的肥鹅肝。

弗雷第见我的惊愕表情，微笑着说："是美妙的组合吧，嗯？所以啦，有人乱搞配错了酒，我才要生气。交给我就对了嘛！"

他的脸上透着真诚的自负，我也终于明白了个中道理。弗雷第一心一意要求完美，不是为他自己，而是为了教别人欣赏完美。他教客人该吃什么菜配什么酒，不是存心对客人摆威风；他是在努力创造艺术作品，只不过，他用的画布是客人的舌头。

下午的时间，弗雷第会在厨房的总指挥位置上度过。他要监督每一桌午餐的进行过程，每一盘菜都要经过他审核，被他要求拿回去改乃是常有的事。

有一位年轻的主厨照弗雷第的吩咐把1客甜点端回去修正，只见他像外科医生般巧妙地操作刀子，把一粒从原来位置掉到侧边的核桃安回原位。每有一道菜送进用餐室，弗雷第都在他追踪每一桌进度的巨大图表上做一个记号。另外，他也没忘了我。

我吃过肥鹅肝之后，弗雷第让人端来他的另一项得意杰作：royale de truffes noires à la crème de céleri pistachée，是满碗的开心果乳酱汁之中放着一块块布雷斯（Bresse）鸡胸肉和黑松露。酱汁中央还有一团奶油。

这道菜的上菜方式告诉你，这不是等闲的美食。盛着鸡肉和松露的小碗放在四只镶金边的盘子之上，摞成一摞，四只盘子由下到上一个比一个稍小，整个看起来就像一座金字塔顶上放着隆重的献祭品。我刚把汤匙放进碗里，弗雷第就从厨房的另一端冲来。"等一下！"他吼道，双手齐挥。

在18位主厨注视之下，弗雷第大师把我手中的汤匙拿过去，仔细指导我一番正确的使用法。我应该把汤匙侧着从碗的一边伸进去，舀到碗底时转方向，纳入一些松露，他边说边以动作示范，然后我该把汤匙穿过那团奶油提起来，这样的舀法才会每一口都吃到松露和奶油。教毕，他把汤匙交还给我，看着我照着他的样子做一遍。

我却舀得拖泥带水，因而窘得满脸通红。这时候我才明白客人点菜被他回绝时的那种惶恐。但是嘴里的快感立刻把我的那份不自在一扫而空，开心果奶油加上黑松露的味道太奇妙了。弗雷第脸上的和煦笑容也证实，他给我上这一课汤匙正确使用法绝无恶意，也不是出于某种优越感。

他不过是一心一意要求自己的厨艺完美，而且要每个到吉拉尔代用餐的人都能领会食物可能有的每一种细微差别。用餐的时候有全世界最了不起的主厨从背后看着我，虽然不大好受，但是，也正是因为有弗雷第亲自关注，这享受美食的经验才格外值回票价。

比吉拉尔代贵的餐馆有之，主厨比吉拉尔代还多的餐馆也有之，比这不知名的瑞士小镇镇公所旧址华丽耀眼的餐馆当然更有之。却没有一家餐馆的用餐经验可以和吉拉尔代相提并论，因为像弗雷第·吉拉尔代这样的行事风格是需要极大勇气的。

从来没有一位主厨把自己与宾客的关系带到这一步。弗雷第不只是一位主厨而已，他是一位厨艺的表演艺术家。他做的不是到你桌子面前问你点什么菜，而是估量你的口味与性情，再为你安排一出美味的交响乐。如果你能放心听他的，相信他的判断，原谅他有时候太执着的热忱，你就能得到你的口腹终生难忘的艺术表演，知道吉拉尔代为什么是世界第一。

问与答：

问：做世界第一的主厨感觉如何？

答：谁也不能说哪个人是全世界最好的主厨。请问，谁是世界上最伟大的音乐家？你最喜欢的那位最伟大——对不对？主厨和音乐家又有什么不同呢？对于最喜欢我这种烹调的人而言，我就是全世界最好的——这是饮食上的主观主义。

问：好吧。那你最欣赏的主厨是哪一位？

答：若埃尔·罗比雄。他在巴黎经营两家餐馆。他是现代烹饪方面最完备的一位主厨。全世界没有比他再好的主厨了。

问：法国的名厨对你的烹饪风格有影响吗？

答：法国人教世人尊重主厨和厨艺，我们才会有美食烹饪。在让·特鲁瓦格罗（Jean Troisgros）和保罗·博屈兹以前，上餐馆的人从来看不见主厨，主厨只能待在厨房里。

问：你对美国的餐馆有何感想？

答：处事的心态有别。他们是厨房小、餐厅大。纽约的顶级餐馆想要一个晚上供应150人用餐。我们供应50人用餐，但厨房里就得有18—20人工作。

问：有人说你不大喜欢美国人。这名声是怎么来的？

答：我不明白为什么会有这种传闻。大多数到我这儿来的美国人都很好。我们有些美国客人已经有二十年历史了。不过，我有时候的确会和客人合不来。美国人、日本人，哪一个人都有可能。有时候客人点了两道根本不能搭配在一起的菜，我会觉得很为难。如果我建议他们点什么，他们又以为我是故意推销，好像我存心要榨他们的钱似的。有人会每年或每两年专程到这儿来吃一次——这不是一顿饭而已，是一桩文化活动。重点不在钱上面。

问：你出的食谱书名叫作《自然烹饪》（*La Cuisine Spontanée*），可是你的菜式现在似乎越来越精致化了。怎么会这样？

答：我写那本书的时候，工作人员还没有这么多。1982年的我不得不追求自然，那时候我做什么都比较快。但是烹饪是一连串的突变，一切都在不停地变。我在考虑重新写一本，因为旧的那本已经过时了。

问：你新的烹饪法叫什么呢？

答：现在我还想不出来。

问：假如不是讲求自然，会朝什么方向走？

答：（笑）退休的方向。也许新的书就叫作《退休烹饪》（*La Cuisine Retirement*）。

弗雷第的番红花炖安康鱼：

弗雷第开着休旅车，后座载着他的老狗桑多斯，快速驶过瑞士乡间的绿草地和黄色的油菜花田，在一栋工业用的大仓库前停下。这座冷藏仓库是供应吉拉尔代的鱼贩大本营，每天都有欧洲各地空运而来的鱼送到这儿。

地板上几百条鱼整齐列队等待弗雷第大师检阅。在我看来，这些搭喷气机来的鱼儿们，个个新鲜得毫无瑕疵。在要求完美几近走火入魔的弗雷第眼里，中意的寥寥无几。

"看到这条安康鱼的血色了吗？"他指着一条去了头的大鱼问我，"都成了褐色的了。血色要像活的一样红，那才够新鲜。"他翻过一条又一条的安康鱼看着，结果只找到几条血色鲜红的。趁他还没改变心意，鱼贩赶紧拿去处理干净。等到他们端着盛满碎冰的包装盒回来，里面都只剩下漂亮无比的中段。"我只买好的部位。"弗雷第微笑着说。

他拿起一条鲑鱼，看了鱼眼，宣布它是美丽的，然后做出亲吻它的动作。这条鲑鱼今天会荣获终极的赞赏，因为它将是世界第一的餐馆端上的主菜。

读者如果有意按照吉拉尔代的风格烹鱼，就得遵循弗雷第的步骤，从挑选好鱼开始。准备了上好的食材之后再按食谱做。

3/4 磅（约 330 克）去骨的安康鱼肉

1/3 磅（约 150 克）去骨鲑鱼肉

3 颗蒜

4 片罗勒叶

1/4 磅（约 110 克）嫩豌豆荚（剥出的豆粒约 2 汤匙）

半磅（约 225 克）蚕豆（约 2 汤匙）

1.5 汤匙橄榄油

番红花粉末少许

3 汤匙蔬菜高汤

半杯浓奶油

番红花丝一小撮

1/4 颗柠檬

盐与花椒少许

准备：

将安康鱼肉横切 1 刀、直切 5 刀，切成 12 块，每块约 1.5 英寸长、1.25 英寸宽（约 4 厘米长、3 厘米宽）。鲑鱼肉切成半英寸见方（1.2 厘米见方）的小块。大蒜剁碎。罗勒叶切成细条。将剥好的豌豆放入煮沸加盐的水中煮 10 分钟，煮至 8 分钟时加入蚕豆。捞出豆子，将蚕豆皮剥掉。

烹煮：

将 1 汤匙橄榄油放入小的深锅，中火加热，放入大蒜，捏一小撮番红花放入，煎 3 分钟。加入蔬菜高汤、奶油、藏红花丝，继续煎至将沸，约 2 分钟。挤入适量柠檬汁，约 1.5 茶匙。放入蚕豆和豌豆，以文火保温。

用不粘锅放入 1/2 汤匙橄榄油，大火加热。用盐、胡椒、剩余的番红花粉腌安康鱼及鲑鱼肉。大火炒鱼肉 3 分钟，取出安康鱼肉，放在烘过的盘里，续炒鲑鱼，不停地翻30秒。

装盘：

用温热的盘子，把安康鱼肉放中间，鲑鱼排于四周，将番红花酱汁淋在鱼上，撒少许罗勒叶。

为4人份。

鸡之王

在这一行树投下的阴影里，我望着这片被阳光照得发亮的草地。蒲公英的黄花若隐若现，湮没在茂盛的绿草中。我坐在一道石头堆成的矮墙上，墙根儿的土里有小朵的紫罗兰从苜蓿草里冒出来。

就在这蔓生的草地野花之中，有一群纯白的鸡在威风凛凛地踱步。在起伏的草地和半圆木搭建的宏伟谷仓之间，那些鸡来回走动，挺着猩红的肉冠，好似斜戴着皇冠。这是我所见过最神气的一群鸡。

说实话，到法国的布雷斯地区以前，我从没见过在草地上漫步的鸡群。鸡是不大吃草的，所以看见一大群鸡在草地上走动并不是常有的事。不但这个景象少见，我以前也从未见过鸡群住在高敞的古老谷仓里，吃着美食配方的鸡食。

全世界只有一个品种的鸡过着这么逍遥的生活。那就是鸡中之王：布雷斯鸡（poulet de Bresse）。在欧洲的肉品市场里，布雷斯鸡的售价比一般肉鸡贵上3—5倍。出售的布雷斯鸡长长的蓝色鸡脚上挂着红蓝白三色的标签和一个金属环，有这些识别出身的记号，是不易与普通肉鸡搞混的。

早在法国大革命以前，布雷斯鸡就是饕客和贵族们中意的肉品。法国美食家布里亚-萨瓦兰（Brillat-Savarin，1755—1826）

就偏好布雷斯鸡，他有一句名言："厨师的家禽肉就像是画家的画布。"

但布雷斯鸡取得"法定产区名称"（AOC），和波尔多葡萄酒、罗克福尔奶酪一样能独家使用这个名称，却是 1957 年的事了。如今，即便是在布雷斯地区，凡是想要饲养布雷斯鸡的农户，也必须在条件上先达到"国际布雷斯鸡委员会"要求的严格标准。

我来参观的养鸡场是埃弗利娜·格朗让（Evelyne Grandjean）和她先生迪迪埃（Didier）所有，位于布雷斯区内的蒙塔尼（Montagny-près-Louhans），在里昂以北半小时车程的地方。埃弗利娜为我导览这风景如画的农场，一面说明必须遵守哪些严格的规定养大的鸡才能挂上布雷斯的标志。

"我们必须提供每 1 只鸡 10 平方米的草地，鸡舍里面每平方米养的鸡不能超过 10 只。"她一面引导我走上贯穿养鸡场的一条土路，一面说着，"鸡养大售出以后，我们必须让鸡舍和草地'休息'4 个月，之后才能够再开始养小鸡。"

养成待售的布雷斯鸡，平均可重达 2 公斤。每年售出的布雷斯鸡在 100 万只上下，处理过后待售的鸡都保留其特有的蓝色脚爪部分，借以证明是布雷斯鸡无误。

为什么要提供那么大的草地？我问。"在草地上自由走动可以长得更大，"埃弗利娜说，"让鸡自己拣虫吃，也能让鸡肉味道更好。你吃过布雷斯鸡吗？"

当然吃过。昨天晚上才吃的。我住的那家小旅馆叫作"白十字"（La Croix Blanche），就在布雷斯的博勒佩尔村（Beaurepaire-en-Bresse）。

这家旅馆的餐厅非常好，主厨听说我要找数据写一篇专谈布雷斯鸡的文章，就坚持要做一道鸡肉给我尝尝。

他做的带腿鸡块配着烤蒜粒和原汁酱。鸡皮是浅棕色而脆嫩的，刀子切进鸡腿时，浑厚的肉香直扑鼻窍。那香味和口感令我想到鸭肉。搭配的酒是1991年的吉夫里（Givry），这是与布雷斯鸡肉再相配不过的一种熟软的勃艮第酒。我享用美食醇酒的同时不禁暗自好笑，只因为我一向吃的都是批量生产的肉鸡，这一回吃到真正的鸡肉了，脑中浮起的倒是鸭肉的记忆。

那是我第一次在布雷斯地区吃布雷斯鸡。之前我在欧洲各地游逛，已经预定要走一趟养鸡场，那一两个星期里一直在吃布雷斯鸡。在多数餐馆里，布雷斯鸡都是高价位的项目。人人都把这种鸡当作不得了的珍品，令我十分好奇。

老实说，我初尝这个珍品时是颇失望的。那一次吃的是一道奶油酱汁的鸡胸肉，肉质嫌老了些。当然，问题可能出在烹调的时间上，不在鸡肉本身。

烹调的时间有什么问题？我在汉堡认识的几位主厨为我做了说明。那天我们坐在一家叫作"叶那乐园"（Jenna Paradis）的热门小餐馆里，时间是打烊后的夜晚，大家喝着德国生啤酒，讨论着法国的鸡肉。

"烹调布雷斯鸡需要花三四个小时。不是说走进餐馆点上1客马上就吃得到的。叶那乐园的主厨斯文·邦格（Sven Bunge）说，"如果先做好摆着，鸡胸肉会变老。"邦格是在法国上过烹饪学校的，有他自己偏好的布雷斯鸡烹饪法。据他表示，春天宜配羊肚菌和芦笋吃，冬天与黑松露搭配最为美味。

我想知道布雷斯鸡好在哪里，他建议我吃整只烤的。"你愿意试的话，我明天就订一只，"他说，"过几天你再来的时候我做给你吃。"

三天后，我回到叶那乐园，发现这儿的汉堡前卫风格客人都是一身黑的穿着，表情则是一副不耐烦的淡漠，让我觉得自己的皮靴牛仔裤装扮格格不入。然而，当服务员端来盛在大盘子上的整只烤透的布雷斯鸡——那双蓝脚仍在，别桌客人们的表情就不一样了。这位服务员在我们的桌旁切下鸡胸肉，在肉片上淋了暗色的酱汁，鸡肉旁边还有嫩胡萝卜、甜豌豆、白芦笋、小马铃薯、小洋葱的蔬菜什锦。鸡肉切毕，他又将烤鸡端回厨房去了。

邻桌的客人一改先前对我们的视若无睹，猛盯着我们的鸡肉看着。他们又翻看了自己的菜单，才终于问我们："那是布雷斯鸡吗？"

"是啊。"我的同伴不好意思地答，"不过菜单上是没有的。"

这次的鸡胸肉鲜嫩无比，每一刀切下去都有肉汁流出。味道的确鲜美，但是未必与一般鸡胸肉有多大差别。真正不同于一般的是腿肉的部分。

鸡腿大约在15分钟后端回来，相当烫。我这时候才恍然大悟，邦格这道全鸡的秘诀在于先片下鸡胸肉，然后才把鸡腿送回炉里再烤。

服务员又把同样的原汁酱淋在鸡腿上。这酱是由磨成粉的干羊肚菌和添加红酒煮开的烤鸡原汁做成，淋在肥而有劲的鸡腿肉上，味道更佳。

我们吃完烤鸡后，邦格来与我们同坐，并且大谈鸡经。"我们店里用的鸡全是法国品种的。"他说。除了著名的布雷斯鸡之外，法国鸡农还出售一种黑羽的鸡以及一种喂玉米的鸡。

"法国人对于他们的优质鸡种是非常自豪的。"邦格说，"德国鸡农瞄准共同市场的商业现实。法国人太爱烹饪，太好吃，所以连钱也不在乎了。"

埃弗利娜和迪迪埃·格朗让伉俪是否同意这个论点，我不得而知。显而易见的是，制定饲养布雷斯鸡的条件的那些人把鸡的美味看得比经济利益重要。布雷斯鸡的饲育、食料、清理的标准，由一位名厨主导的一个官方委员会制定，这个委员会的决定形同法国的法律。

我正站在埃弗利娜家的前院里，欣赏着屋顶覆盖青苔的传统勃艮第农舍，以及全世界最幸福的鸡正嬉戏其中的那片开遍野花的草地。这乡野的宁静却突然被震乱了。一架幻象喷气机呼啸而过，飞得相当贴近地面，噪声吓得几只鸡四下乱窜找掩护。

我敢断定，法国政府如果知道军事操演打扰布雷斯鸡的安宁，一定会让飞机改道。

寻找松露

那栋 13 世纪的老农舍冒着令人向往的袅袅炊烟。我似乎看见屋内的巨大石灶，巴不得自己正站在火边啜饮着红酒。事实却是，我在农舍几百码外的地方，跪在一丛橡树下，双手被 1 月的酷寒冻得紧塞在口袋里。

我们正在等一只苍蝇。我是到法国佩里戈尔（Périgord）地区的这个家族农庄来做客的。主人——我们姑且称他皮埃尔——自告奋勇带我来见识一下他们如何在仲冬的松露旺季寻找松露。"这个冬天你到现在为止已经找到多少松露了？"我在等待时问他。皮埃尔伸食指放在嘴唇上做嘘声状。

"我们不能讲这些。"帮我翻译的人说。他也是本地的农人，也不许我透露他的真实姓名。他俩告诉我，凡是蠢到在这一带声张松露之事的人，都要倒霉。

一般所说的松露就是在地面以下生长的子囊菌类果实，约有

200 多种，其中有不少是美食家心目中的珍馐。古罗马的厨艺大师阿比修斯（Apicius）发明的松露食谱用的是哪一种松露，我们不得而知。普林尼（Pliny, 23—79）和尤韦纳尔（Juvenal, 60?—140?）留下的文献都提到非洲松露，可能是现今仍可在利比亚掘到的沙漠松露。法国美食家最爱的，却是布里亚萨伐蓝所说的"厨房中的黑钻石"，也就是佩里戈尔黑松露。

虽然法国人早在 15 世纪时就利用戴上嘴套的猪寻找这种松露，佩里戈尔黑松露却迟至 19 世纪中叶才登上荣耀的高峰。许多报道都说，从那时候起，佩里戈尔黑松露产量就严重递减。1991 年间，雷蒙德·索科洛夫（Raymond Sokolov）在《自然史》发表的文章中表示，这种产量不足颇有可疑之处。松露明明是世界上最昂贵的食材之一，产量却从 19、20 世纪交替时的 1000 吨左右，递减至现今每年不到 20 吨。按索科洛夫猜想，是法国人在操弄市场，使价格居高不下。他在文中还憧憬未来会有某种耕作实验使松露在世界各地都是价格便宜、产量丰富的东西。

我的好奇心被激起之后，设法不动声色地钻入佩里戈尔黑松露搜寻者的地下文化，带回一些有意义的数据。此外，前不久又得到美国一些松露实验农庄的最新资料。所以，如果有人心中老是有这样的疑问：松露都跑到哪儿去了？我需要用的松露从哪儿来？可参考以下的事实。

读者若想理解现代松露采收的报道数字，必须先认识一下法国的松露搜寻者的隐秘传统。搜寻松露的行业不需要资金，不必有土地，也不需要什么装备，只需要一条训练有素的狗。如今的松露数量大不如 19 世纪全盛的时代，这虽然是不争的事实，但法国现在仍有 1.5 万—2 万名松露搜寻者（法文即 truffier）。行事谨慎的搜寻者会在进入某个庄园、农田、地产去搜寻之前先征得地主首肯，事后将搜获的松露分一部分给地主。但是一直也有人偷偷溜进别人的林地去采松露，采多少得多少，利润比较大。

用我这美国人的眼光看，一个法国男人在冬天天未亮或天将黑的时分牵着一条狗散步，乃是一幅温馨的画面。但是，在佩里戈尔农人看来，冬天遛狗的人与作恶的坏蛋没什么两样。传统松露搜寻者用猪为助手，如今已由狗取代了。搜寻者牵着狗到生长松露的地方，专找橡树丛和榛树丛里的"枯土"，因为地下的松露会产生天然的杀霉菌剂，把土表生长的其他植物杀死。

皮埃尔告诉我，养牛的人家会知道偷牛贼什么时候来过，因为牛会变少。可是偷松露的贼什么时候带着狗和手电筒潜进你的私有地产，是你无从得知的。所以他不许我在文章里提松露生长的地点，也不告诉我他在这个地方采到多少松露。因为不信任搜寻松露的人，皮埃尔甚至不雇他们来帮忙，完全自己来。

皮埃尔夸口说，其实他根本不需要靠松露搜寻者和他们的狗。他也示范了自己的方法：在枯土上慢慢找，拨开挡住视线的枝叶，看见有苍蝇飞过就停下来。他教我们跪在地上，安静地等那苍蝇再飞回来。等了20分钟，冷得发抖的我终于看见那只黑黄相间的苍蝇飞回来，停在一块土上，然后没入地下。这长得像胡蜂的松露蝇会在成熟的松露上产卵，有耐心的人只要盯住它的行踪就可能中大奖。

皮埃尔用一只木制的小工具在苍蝇入土的地方挖掘，每挖出一把土都仔细闻过。"挖得越近，土里越有松露的气味。"他说。我也开始挖土，并且嗅着土的气味。10分钟后，我们已经回到屋内，站在壁炉旁，鼻子沾着土，一边饮着葡萄酒，一边欣赏着这10克重的松露。当晚我与皮埃尔他们一同用餐，吃了一道硕大无比的炖冻鹅，但没吃到黑松露。

农人们和松露搜寻者一样，都认为松露是有钱人享受的奢侈品，他们自己只舍得吃那些卖不掉的、不完整的松露和松露碎块儿。为了一尝我自己挖过的那种松露，我只得换上西装打好领带去光顾当地的餐馆。我大嚼了松露色拉、松露鸡蛋、松露烧肉，可以轻易吃出松露在这些菜式中的芳香。但松露究竟是什么味道，并不那么容易捉摸。有人说，松露根本是没味道的。

　　法国美食家总说，必须吃了相当大的量，才可能真正体会松露的美味。因此，我有一天花了大约 20 美元买了一颗栗子大的松露，带到佩里格（Périgueux）的一家餐馆，说服主厨帮我烹调这一整颗。吃的时候我把它先切了几小块，就空口吃松露。然后我又配着少许面包和乳酪来吃，越吃越觉得香味在舌头上累积。那是淳朴菇类、甜可可、香料药草此起彼落的香味。吃到最后，仍无法将它与任何其他味道比拟。此后我就渴望有再尝黑松露的机会。

　　回美国后，这个渴望却是不易满足的。餐馆采购佩里戈尔黑松露的批发价本来是令人咋舌的每公斤 550 美元，现在又冲到 750 美元的天价。佩里戈尔黑松露的原产地除了法国之外，只有希腊、意大利以及西班牙三国。百余年来，有心的业者用尽一切方法在别的国家进行栽种，都没能成功。

　　20 世纪 70 年代初期似乎有了突破。在法国的国立农艺研究所（National Institute of Agronomics）设于克莱蒙费朗（Clermont-Ferrand）的植物病理研究站，热拉尔·舍瓦利（Gérard Chevalier）博士等人所做的松露密集研究显示，松露的芽孢可以接种在树根上。这个技术将来可能使大规模的"松露栽培"成为事实。

　　80 年代晚期，意大利、新西兰、美国都栽种了接种芽孢的幼苗。按索科洛夫的报道，美国得州滴泉（Dripping Springs）的一处农庄预计将于 1991 年生产松露了。因为预知会有这一次的收获，索科洛夫做起了在巷口便利商店就能买到廉价美国产佩里戈尔黑松露的白日梦。

预定收获的时间过了 5 年，市面上仍然没有便宜的松露。滴泉农庄的栽培最后失败了。我本以为这所谓美国栽培松露的事不过又是一场化为泡影的发财梦，向吉姆·特拉普（Jim Trappe）博士打听之后，才知不然。特拉普博士是俄勒冈州立大学（Oregon State University）的霉菌学家，也是松露分类学的权威。我问他在美国栽培松露究竟是否可行。他平静地告诉我一个新闻：美国已经有人在种植松露了。

去年冬天，北卡罗来纳州农民富兰克林·加兰（Franklin Garland）采收了一批佩里戈尔黑松露，已经做起生意了。特拉普博士亲自确认了其学名是 *Tuber melanosporum*，并且去参观了这个松露园。收成的量不大，只有 10 磅（4.5 公斤）。但据加兰说，他已经以每磅 350 美元的价格售出了。

索科洛夫一时之间不可能在巷口小店买到便宜松露了。美国的松露收成量不能稍长之前，我们恐怕仍得支付法国松露的高价。而我也禁不住想到，美国种植松露的人将来除了学法国人的高价位之外，会不会也继承法国松露文化的那些保密作风和疑神疑鬼。

法国农人不愿意谈自己的松露收成，除了怕别人偷之外，我知道还有一个更私人的原因：怕课税。纽约长岛市的"乌尔巴尼松露"（Urbani Truffles）是美国最老资格的松露进口商。该公司的罗萨里奥·萨菲纳（Rosario Safina）曾经嘲笑地说："观光客跑到欧洲的松露市场，以为会看见松露。结果只看见一堆人闲站着抽烟。没人肯在公开的市场上把松露拿出来展示。"

"为什么？"我问。

"因为一拿出来就得缴税。"他笑道。增值税就可能高达

19.5%，另外还有所得税，因环境与战时动乱的缘故，法国松露产量自 19 世纪末与 20 世纪初便减少了，这乃是事实。但是，法国的个人所得税在 1917 年实施，并不是巧合。松露收成的数字从这个时候起就一直不好看，部分原因在于这地下生长的菌种早就变成"地下"经济的一部分了。

理论上，提到松露这个奢侈品的尔虞我诈传说，以及似有不正当手段操纵价格的现象，一般人很容易把矛头指向法国人。我们也往往会忽略这个历史悠久的买卖至今仍以小本生意为主，是搜寻松露的人在一小篮一小篮地卖给有钱买的人。我与皮埃尔等人相处了一阵子之后，很难想象美国人在同样情况下会有不一样的表现。

会不会不一样，我们不久就可以知道了。加兰的北卡州松露园虽然很小，但这只是现在看得见的部分。加兰和其他栽培松露的人除了出售松露，也期待出售接种芽孢的幼苗能有荣景，让想要松露的人都能买得到。

在巷口便利商店买到便宜松露虽然仍是梦想，自己动手栽培松露却正成为事实。假如几年后，你种出来的松露自己吃不完，你就卖一些给餐馆，你会在申报所得税的时候，也填上这一笔吗？那时候，你看见邻居牵着狗在你家附近走，你不会怀疑他在打歪主意吗？

第五章

市郊的印第安纳·琼斯

休斯敦尝鲜

阿卜杜勒·拉希德（Abdul Rasheed）端起泡沫塑料的碗，用塑料汤匙吃着浅红色的香辣酸乳酪。我也有样学样。冰凉的酸乳酪之中有些西红柿和黄瓜的碎粒，还有奇特的什锦香料味。我吃出有土茴香和黑胡椒的味道，其余的就分辨不出了。我正要舀碗里的汤汁，阿卜杜勒故意给我出了难题。他放下碗，把桌上的生菜、西红柿、洋葱都放进碗里。酸乳酪汤汁突然变成了色拉酱汁。他微笑着用手指拈着蔬菜蘸酸乳酪汁送进嘴里。我也照他的样子直接用手抓着吃。

我在霍比机场（Hobby Airport）的出租车站叫车时，阿卜杜勒正好是排班车中的第一个。他身高约 5 英尺 4 英寸（约 163 厘米），黑发黑眼，几天没刮胡子了，牙齿上有奇怪的红斑。我问他原籍是哪里，他说："巴基斯坦。"我问他知不知道休斯敦有什么好吃的巴基斯坦馆子。

他说："当然知道！"我就说我请他一起去吃午饭。我帮旅游杂志写过许多旋风式美食之旅的游记。既然我在休斯敦是人生地不熟的，不妨盲目跟着别人闯一回。阿卜杜勒便是我遇见的第一个乐意带路的人。

他把我带到第59号公路以西的一段比梭奈特区（Bissonnet）。"这是巴基斯坦小区的中心。"他说，车子经过巴基斯坦商店集中的几条购物街，在一家"阿里巴巴烧烤"（Ali Baba's B.B.Q. & Grill）的停车坪停下，这是购物街前的一家独自坐落的小馆子。

它的奇怪模样让我呆看了一分钟。阿卜杜勒解释说，这儿以前开的是一家美式早餐店。新的老板没怎么改动旧貌，所以看来格外怪异。卡座和铺塑料面的柜台上都有"牛排＋蛋快餐"的字样，挂在烤炉之上的菜单里却有羊脑"马萨拉"酱（masala）。你在这儿不会闻到培根和咖啡味，倒有咖喱味和羊肉味。阿卜杜勒欣赏这儿做的鹌鹑，所以我就点了 batair boti（炙烤鹌鹑）的特餐，2 份 5.99 美元（4 份 9.99 美元）。我们也要了一份什锦烧烤和一客 karahi gosht（炖牛肉）。我们坐的这个卡座旁的墙上有斑斑的酱汁。

午后 2 点，我们是餐馆里仅有的午餐顾客，我们等上菜的时候，厅内变得很安静。阿卜杜勒吃完酸乳酪后起身往盥洗室走去。我无所事事地伸舌头咂着口腔上颚，想要判别酸乳酪的香辣调味成分。因为餐厅里没有别人在，我便踱到厨房里。"你们的酸乳酪放了什么辛香料？"我问一位穿着围裙的男士。这位厨师指了指放了一些塑料罐的架子。

"我们把那些混在一起磨碎了做成我们自己的'马萨拉'。"他说。架子上有一罐装着黑胡椒粒、一罐装着土茴香子，与我所料不差。另有一罐装着丁香，还有一罐装着好像袖珍巴西坚果的荚实，我抓了一个出来，用拇指指甲刮一下，凑在鼻子上闻，是小豆蔻。

印度菜会用这4种香料磨碎混合成为一种叫作"嘎拉姆马萨拉"（garam masala）的什锦辛香料。

阿卜杜勒回来后，我们点的东西也来了。我迅速估量了一下情势，便瞄准了鹌鹑进攻。它看来真漂亮，皮烤得又脆又黄，沾着香料的细粒。鹌鹑肉很烫，我伸手去撕被烫到手。这么烫不宜马上吃，但我仍旧撕下一大块鲜红的胸肉扔进嘴里。我吃过的烧烤从来没有这种奇特的香味。土茴香、丁香、大蒜都是很不错的烧烤腌料，与鹌鹑的一股野味是绝妙的搭配。炙烤过程中，要用澄化奶油涂鹌鹑肉以保持鲜嫩。阿卜杜勒睁大了眼睛看我吃鹌鹑，咧着嘴笑。我方才发现自己正发出心满意足的哼声。

他自己则把力气用来锁定小金属焖锅盛着的巴基斯坦式炖牛肉。肉炖得很烂，用小塑料叉子就能叉起来吃。炖肉用的是一种辣味西红柿酱，这是用一般常见的西红柿酱料成分——如嫩洋葱、哈拉佩诺辣椒、大蒜——混合远东口味的鲜姜和什锦辛香料。阿卜杜勒用印度馕饼卷着炖肉和酱汁吃。

什锦烧烤令我大失所望。更糟的是，我发现自己又犯了以前犯过多次的错。我一听"卡巴布"（kabab）就以为是用金属棍叉起来的烤肉串（Shish kebab）；可是印度和巴基斯坦说的卡巴布不是烤肉串，而是肉末。点菜时听到什锦烧烤里面有鸡肉"波帝提卡"（boti tikah）和"西克卡巴布"（seekh kabab），我想就是烧烤鸡肉和烤牛肉串，结果端来的是炙烤鸡肉和两个肉末饼（再来个撒了芝麻的大面包和酱汁就是一客汉堡了）。

这炙烤的带腿鸡块是用什锦香料腌过的，烤得很漂亮，肉可以轻易剥下来。我把鸡肉堆在一张馕饼上，加上生菜、西红柿片、酸乳酪，卷成一个有模有样的墨西哥卷饼。味道滑腴不及鹌鹑，但相当接近了。阿卜杜勒劝我照这样卷一点肉末饼来吃，我说这"卡巴布"太干了，他便用乌尔都语（Urdu）对厨师嚷了一句。

厨师拿着一只塑料碗走到我们桌前，碗里盛着棕色的酱。我忍不住笑出声来，一面舀酱抹着"卡巴布"。它的效果和一般烤肉酱的酸甜效果一样，不过这是比较稀的罗望子酸辣酱。我猜想这"卡巴布"是用冷冻汉堡做的。巴基斯坦的"卡巴布"通常是用山羊或绵羊肉做的。

得州随时供应便宜的碎牛肉，令巴基斯坦移民很高兴。因为在巴基斯坦最普遍的肉类是山羊肉，碎牛肉算是一种奢侈品。此刻坐在我邻桌的这位男子正在迅速地吃光一份"马萨拉卡巴布"，也就是什锦香料调味的汉堡肉，盛在小焖罐里，旁边还有松软的馕饼。这是巴基斯坦式的面包夹肉末酱。另外还有一种面包"卡巴布"，休斯敦人习惯称之为"汉堡肉面包"。

阿卜杜勒说，大热天里这样饱餐一顿之后，应该喝一大杯叫作"拉西"（lassi）的酸乳酪饮料，以免胃胀。我便接受了他的建议。饮毕，他又在餐馆门前一个书报摊买了一小包不知是什么东西给我。"是巴安（paan）。"他说。就是槟榔。巴基斯坦人和印度人都非常爱嚼槟榔，我的槟榔有茴芹子和甜扁豆的味道，他嚼的是槟榔加烟草，叫作"巴安巴尔戈"（paan parg）。开车离去时我们都没说话，我坐在后座边嚼边沉思。

我对"阿里巴巴烧烤"的真实感想是什么？纯粹就厨艺而言，这样的价钱能吃到这种烤鹌鹑，就是我所吃过最好的了。此外，4.99 元一客的阿富汗"波帝提卡"（一个热乎乎的馕饼加上一整支的烤牛肉串、生菜、西红柿、酱料装在塑料外带盒子里）也是很棒的汉堡。但是我敢确定，这儿的破旧座位和溅了酱汤的墙壁会吓跑讲究卫生的人（例如我母亲）。可是话说回来，得州的大多数老派作风的烧烤店一样会把卫生至上的人吓个半死。正宗老派的吓人功夫有时候是很厉害的。

玛杜尔·贾弗里（Madhur Jaffrey）于 1973 年出版的《邀您做印度菜》（*An Invitation to Indian Cooking*）是一本权威的食谱书。她在书中说，纽约的印度餐馆所做的菜式，是把真正的印度菜加水冲淡了的。到 21 世纪之初，像"阿里巴巴"这样的餐馆不容许有人再抱怨味道不够醇正了。1965 年的《哈特及塞勒法案》（Hart-Cellar Act）取消了美国移民法的差别待遇，不再执行"原籍国"配额，本来在美国占移民少数的非洲移民、远东移民，以及来自其他天涯海角的移民，才有了缓慢却持续不断的成长。

休斯敦和洛杉矶出现了新式样的少数族群聚集区，本来残败的市郊开起了第一代移民夫妇经营的餐馆，第二代移民的餐馆往往开在新兴市区里，菜式纳入部分的美国本地风味。休斯敦的"金松"（Kim Son）即是一例，它是从一家越南小吃店变成饭店连锁的事业。目前这种状况的一大好处是，在纯粹家乡味和难免受美国同化的连锁店口味的两个极端之间，还有保留原味程度各有不同的餐馆任君选择。

"阿里巴巴"供应的羊脑"马萨拉"、汉堡"卡巴布"等许多菜式，都是投休斯敦的巴基斯坦人所好。多数其他人却吃不惯这么正宗的巴基斯坦口味。但也正是因为口味正宗，想要吃遍天下口味的人可以只花 5 美元吃一顿"阿里巴巴"的午餐就体验到典型的巴基斯坦烹调。我是喜好美食探险的，在"阿里巴巴"和阿卜杜勒边吃边论政治也是一桩乐事。（论题包括"印度、巴基斯坦、斯里兰卡都有女性出任总理了，你们美国人什么时候才不会在女权题目上光说不练呢？"）

读者如果喜欢在伊斯兰堡市集里与当地人一起享受现烤什锦香料鹌鹑的感觉，不妨走一趟"阿里巴巴"。

　　　　　　　吃的大冒险

正宗之味

你一走进"伊达尔戈人"（El Hidalguense）的前门，就会闻到羊肉味。这家餐馆的招牌菜是伊达尔戈式龙舌兰叶"烧烤"绵羊肉，以及炭烤山羊肉。

不论厨房烤的是绵羊肉还是山羊肉，或两种羊肉同时在做，这儿永远飘散着刺鼻的羊肉味。此刻有七个桌位是坐了客人的（全是拉丁美洲人），有两桌是一对男女，两桌是全家老小出动，三桌是穿着牛仔裤和靴子的工人。电视正大声放送着一个墨西哥的谈话节目。

这里没有标准的得州与墨西哥混合口味餐馆的薯片和蘸酱，却供应一碗深棕色辣酱给你调味，这是用重辣辣椒、轻辣辣椒、洋葱、醋调制的。我今天的午餐点了放肆口腹之欲的一道菜，"伊达尔戈人"称之为"tulancigueñas"，看来很像一盘盛着3个鸡胸肉的卷饼，其实是油炸的圆玉米饼里面卷着几片包着哈拉佩诺辣椒的火腿肉，还有一些蛋黄酱。这些油炸饼起锅时撒了乳酪粉，饼上放着冰酪梨片。

你只要一口咬下去，就有馅汁儿（不要说那是油吧）从饼的另一头喷出来。我并没有打定主意来点这个东西，老实说，我本来没打算到这儿来吃。刚才我是到这条街另一边的"奥蒂利娅的店"（Otilia's）去用餐，那是被《札嘎特美食指南》（Zagat's Guide）连续两年评为休斯敦最佳墨西哥餐馆的名店。"奥蒂利娅"喜欢夸口自己是"百分之一百的墨西哥味，不会有得墨混合！"可是这儿供应的薯片蘸酱味道柔顺得和西红柿凉汤一样，胡椒酱辣椒（chile en nogada）也做成好像配炸牛排吃的奶油酱似的。我没吃完就走了。

可是现在我又饿了，忍不住想吃一顿火腿包辣椒的油炸饼。"伊达尔戈人"并不口口声声说自己是墨西哥正宗。

你吃过正宗美国馆子吗？我吃过，那是很有启发性的一次经验。1994年间，我在法国佩里格市光顾了开在萨杰斯街（Rue de la Sagesse）上的"得克萨斯小馆"（Texas Cafe）。菜单上的开胃菜有水牛城鸡翅、酪梨酱、新英格兰汤（蛤肉羹）、鲔鱼色拉。主菜有长岛虾（配威士忌西红柿酱）、密西西比鸡肉（加波旁威士忌和柳橙炒）、得州鸡块（油煎）、辣味牛肉末（法式牛肉炖红菜豆）、烤排骨，以及各式牛排。其中有些可能是美国人从未见过的。法国人觉得他们可以随意解释何谓美国菜。

但是，若有法国人问你："这是正宗美国菜吗？"你又怎么说呢？

我去过许多像"奥蒂利娅"一样的"内地墨西哥风味"的馆子，都让我想起那一家得克萨斯小馆。他们的菜单看来都像墨西哥的一时之选：有尤卡坦的胭脂树籽腌烤猪肉、新莱昂州（Nuevo León）来的辣肉丝饭、普埃布拉（Puebla）的胡桃酱辣椒。但是菜单上也有些奇怪的观念，例如"mole"的说明是："一种巧克力、花生、辛香料做的暗色酱汁……""奥蒂利娅"的这种菜单虽然包含墨西哥许多地方的菜式，但显然有自己的地域偏见。就我所知，瓦哈卡地区的mole（辣味酱）七种之中有六种是不加巧克力的，杏仁辣酱、圣叶辣味酱、酪梨酱的情形亦然。墨西哥辣味酱种类很多，加巧克力、花生、辛香料的波布拉诺辣椒酱（mole poblane）只是其中的一种。

我在"奥蒂利娅"午餐时点了他们的招牌菜胡桃辣椒。墨西哥有许多辣椒填馅的菜式，胡桃辣椒算是有代表性的，《墨西哥厨艺》（*The Cuisines of Mexico*）的作者黛安娜·肯尼迪曾说它是"墨西哥最有名的菜式之一"。

按传说，这道菜第一次端上桌是在 1812 年 8 月 28 日，唐·奥古斯丁（Don Augustín de Iturbide）在墨西哥称帝后的宴会上。做法是用波布拉诺辣椒填了什锦辛香料的猪肉糜，整个烤后再淋上胡桃酱汁，饰以红色石榴籽。

"奥蒂利娅"的胡桃辣椒馅料随客人自选牛肉、鸡肉，或加奶酪，淋上奶油酱（其中只有大约半茶匙的碎胡桃，没有石榴籽），也不添加任何红色的装饰。由于菜单上根本没有正宗做法的什锦辛香料猪肉馅，我就点了鸡肉馅。这鸡肉是煮的，而且好像没调味。

奶油酱里有西红柿粒和芫荽叶，但是看不出来有胡桃。这一道胡桃辣椒丝毫不像我在墨西哥市的"圣多明哥餐厅"（Osteria San Domingo）吃过的，而"圣多明哥"的胡桃辣椒是一般公认最正宗的原味。

餐馆老板之一——奥蒂利娅的丈夫到我桌前来招呼的时候，我问他是否吃过"圣多明哥"的胡桃辣椒。他说吃过，但并不喜欢。我又问他，是否曾在墨西哥任何地方吃过像我点的这样做法的。

"没有，"他自负地答，"我们的跟别人都不一样。这是本店最畅销的一道菜。"

"不同在哪里？"我问。

"别人做的胡桃都放得太多了。"他说。

"奥蒂利娅"当然可以按自己的判断来做这一道菜。假如不调味的馅料和少了胡桃的酱汁正合乎以美国白人为主的吃客口味，当然也可以按美国白人的口味来做。既然如此，就少提正宗原味的话。在菜单上排出内地墨西哥菜式的餐馆很多，这一家正巧在这方面得到好评特别多。

我曾经批评过，休斯敦的墨西哥餐馆保证供应"正宗墨西哥原味"的话说了快有 100 年了，做的却是得州地方风味的墨西哥菜。"奥蒂利娅哪里会这样！"我的美食迷朋友听了我的评语都打抱不平，"人家可是真正的正宗原味！"奥蒂利娅的墙壁上张贴着 26 家杂志和报纸对他们的一些好评。媒体对于朗波因特（Long Point）的其他墨西哥馆子都不屑一顾。

这种现象可以归因于一窝蜂式的新闻报道。饕客杰伊·弗朗西斯（Jay Francis）居功厥伟。他爱吃奥蒂利娅的菜，又在开幕后不久就和老板伉俪成了朋友。"我真的很喜欢他们，我也希望他们事业顺利。"他说，"所以我就展开投书行动。"报章杂志的饮食评论者都收到了弗朗西斯的信。他在信中形容奥蒂利娅是"一颗未被人发现的宝石"，供应的是"正宗墨西哥原味饮食"。行动进行大约两个月后，报章杂志开始出现好评。

上个月有一天，我邀杰伊·弗朗西斯一起到"伊达尔戈人"吃晚餐。（伊达尔戈乃是墨西哥市以南瓦特康地区的一个城市。）这儿开放式的厨房里占据主要位置的是一座高及腰部的砖砌大灶台。灶台一边摆着正在烙玉米饼的平底锅，另一边有炙烤架和不锈钢大锅，架上正在烤山羊肉，锅里是小火炖的绵羊肉。厨师拿起锅盖让我们看，锅里有浅浅的原汁汤，大片塞着羊肉馅的龙舌兰叶半浸在汤里。我以前听说过这种做法，但这是头一次近距离看了个清楚。

这一顿灶烧羊肉（barbacoa）大餐的第一道就是原汁羊肉汤，汤里有洋葱、辣椒、鹰嘴豆。弗朗西斯点的第一道菜是烧菜豆。"伊达尔戈人"没有酱腌山羊肉（chivito al pastor），所以小山羊肉是淋辣椒酱的。嫩软的山羊肉呈砖红色，并没有烧到烂熟。加上剁碎的洋葱、芫荽、莱姆，可以包成美味绝伦的辣肉玉米卷。

接下来是热气腾腾的绵羊肉，盛在一片龙舌兰叶上，配着生菜和西红柿。炖肉嫩而多筋，我用手制的面粉玉米饼夹了肉，加了洋葱末、用巧克力加色的热酱汁、芫荽，然后淋上一匙原汁汤，就低下头一口气把它吃了个干净。

"如何，"我问弗朗西斯，"这正宗原味不输奥蒂利娅吧？"

"是啦。"他承认了。

"那你会不会再来一次投书行动？"

"不会，"他说，"因为我不爱吃山羊肉和绵羊肉。即使不能说这不是正宗原味。"

"也因为你知道美国佬不会喜欢，这里弥漫着山羊肉和绵羊肉的气味，没人会讲英语。这种不喜欢难道没有排斥外国人的心理在作祟？"我问他。

"可是我仍然认为奥蒂利娅是很正宗的。"他说。

"他们的胡桃酱辣椒已经完全美国化了。"我反驳道。

"没错。我也在墨西哥市吃过圣多明哥餐馆的胡桃酱辣椒，可是我觉得那样不好吃。"他说。

"好，这样我们的意见就一致了。"我答，"美国人不爱吃正宗的胡桃酱辣椒，所以奥蒂利娅供应美国化的墨西哥菜。"

"慢着，"弗朗西斯说，"假设你是一位墨西哥主厨，在荷兰开了一家墨西哥餐馆，你做了加入荷兰产高德干酪的辣肉馅卷饼，这样是不是就不能算正宗墨西哥原味了呢？"

"不能算正宗原味，可是味道会很好——荷兰人尤其会觉得这样才好吃。我要说的就是这个意思。"

奥蒂利娅是一家很好的餐馆，他们把近似内地墨西哥美食的东西介绍给非墨西哥吃客，做得非常成功。但是报章评论纷纷认定奥蒂利娅是唯一的"正宗墨西哥原味"，不免令人觉得这是可笑的美国白人的以自我为中心。毕竟，在同一条街上相距不远处就是典型伊达尔戈式的烧烤大灶。

珍奇"洛若可"

　　在希尔克劳夫街和毕梭奈特街口，有人在进行车库特卖会。我问站在收银台旁的几个人，这一带的几家"普普萨"（pupusas，配凉拌菜吃的一种烤玉米饼）店哪家最好吃。

　　"我们都是墨西哥人，"正在收钱的一位女士说，"顺着毕梭奈特街再走大概 1 英里，你就会遇到萨尔瓦多人。"

　　我回车子里，按她指的方向走。走了大约 1 英里，看到一个为"和平之王"教会募款的洗车店。我下车走到洗车人员的面前。"哪一位是萨尔瓦多人？"我问。

　　一位名叫埃里克·加西亚（Eric Garcia）的男子向前。我问他休斯敦什么地方可以吃到最好吃的"普普萨"。

　　"艾尔贝纳多（El Venado）不错。"他说。

　　"还有哪位是萨尔瓦多人？"我提高了声音问，期待有多一点人响应。也许我的声音太大了些，这儿的人声笑语突然止住，一个状似不好惹的小伙子向我走来。

　　"你是 FBI（联邦调查局）的吗？"他问。

　　"不是啦，我只是想请哪一位介绍一个吃'普普萨'的地方。"我申辩道。紧绷的气氛消失，大家转头去做自己的事。

　　"你该问布伦达，"一位女士说，"她是萨尔瓦多人，她爱吃'普普萨'。"

　　"布伦达在哪儿？"我问。她去问了一下别人。

　　"她去买'普普萨'了，"她答，"在艾尔坎佩罗（El Campero）。"

　　艾尔坎佩罗（意即"乡村"）位于毕梭奈特街上这家洗车店的隔壁，它令人望而生畏的内部装潢不大讨喜，更没有亲切迎宾的意思。这栋空心砖建的店面有一点太靠近路边了，每扇窗户上都有防盗铁窗。我往里面看布伦达在不在，她大概已经走了，所以我就自己走进来坐下，拿起菜单看。橙色塑料椅和假木纹塑料面桌子看来倒还好。吸音板的天花板相当旧了。店的外观虽然凶悍，里面的厨师和女服务员却恰恰相反。他们都跟着点唱机的旋律在哼歌，以久未谋面的老朋友笑容迎接我。服务员建议我点乳酪与"洛若可"（loroco）的"普普萨"。

"Que es loroco？"我问。（"洛若可"是什么？）

"Es una hojita del campo。"她答。（是某种野生植物的小叶片。）

"Es una hierba？"我问。（是一种药草吗？）厨师正倚在离我很近的收银台上，就接过话头。她用西班牙语说，这不能算是一种药草，但是我该吃吃看，萨尔瓦多人都爱吃"洛若可"。好吧，我就吃吃看。于是我点了一客乳酪与"洛若可"的"普普萨"。

艾尔坎佩罗的置物架上堆了许多东西。我点的"普普萨"未上桌前，我便走过去参观。我看见一瓶腌渍的"洛若可"，看来像是正在开花的植物，花蕾很像刺山柑，但是都附着在茎枝上。另外还有供出售的录音带，都是西班牙语的基督教福音歌曲。

"普普萨"有点像炙烤的乳酪三明治，是用两片新烤好的玉米饼夹着馅。我点的乳酪"洛若可"好吃极了，玉米面粉非常新鲜，"洛若可"的味道难以名状，不很像蔬菜。搭配"普普萨"吃的有醋腌的包心菜、胡萝卜、辣椒。这种鲜脆的泡菜（西班牙语叫作"cortido de repollo"）是萨尔瓦多餐馆无所不在的配菜，点了"普普萨"就一定会有它。我还另外点了鸡肉玉米粉肉粽（tamale de gallina），这是我近年来吃到最美味的玉米粉肉粽，是用香蕉包玉米粉和满满的鸡肉再蒸的。"猪油恐慌潮"没有爆发之前，玉米粉肉粽就是这个味道。

我这一顿 2.75 美元的午餐，配的饮料是萨尔瓦多的姜汁汽水（gengibre），略带辣味而可口。厨师跟着点唱机新播的一首曲子哼着，我听出歌词里有"Jesucristo"（耶稣基督），我才突然明白过来，我挑了一群信奉耶稣成迷的人所开的店来用餐。店里墙上挂的海报都是表达宗教虔诚的，音乐也是，甚至连厨师戴的棒球帽上也有启发虔敬的话。如果我的西班牙语程度好一点，也许会觉得受了搅扰。但由于我能听懂的实在有限，一直到吃完这一顿的时候才觉察。而"普普萨"和玉米粉肉粽都太好吃了。

我问厨师蕾娜·金蒂尼亚（Reina Quintinilla）——她也是店老板，还有没有别家供应好吃的"普普萨"。"大家都爱去'普普萨卓摩'（Pupusadromo），"她以西班牙语回答，"不过那是因为那儿供应啤酒。""你们不供应啤酒吗？"我明知故问。"我们这里没有啤酒，我们是基督徒。"她激动地说。我呆站着说不出话来。基督教和啤酒互不相容，爱尔兰后裔听了此话真要大吃一惊。

如果你想要有一面萨尔瓦多的蓝白双色国旗挂在汽车后视镜上，或是想要一张圣萨尔瓦多市的黎明风景海报，你就该去"艾尔贝纳多"。店内靠前面大玻璃窗的座位都有耀眼的定做塑料皮装潢，颜色是绿松石底撒金粉的加上绿底撒银粉镶边。餐厅的墙上挂了一个鹿的头（El Venado 字义是"鹿"），另外还有草编帽等农村风味的其他装饰。餐桌都是木质的，不靠窗的椅子都是漆成绿松石色的梯背木椅。整个装潢是热带狩猎小屋主题加上汽车情调的座位和帷帘。这模样古怪的地方却做得一手上好的"普普萨"。

我在这儿点了乳酪"洛若可"，价码是 1.6 美元，比艾尔坎佩罗贵了 10 美分，却是一分钱一分货。乳酪似乎是意大利白干酪（mozzarella），每咬一口就拉成长长的丝，好像在吃自己家里做的乳酪卷饼。我把"洛若可"芽多放一点在嘴里，想嚼出它的味道。

有巧克力的香吗？是加巧克力的甜菜味道吗？这究竟是什么东西？

我去了"普普萨卓摩"，再点了乳酪"洛若可普普萨"。这儿的"普普萨"不那么大，馅料也比较少。吃毕，我到厨房去要求看一看"洛若可"。他们拿出一包冷冻的绿芽，看起来很像一大堆万年青的细芽，打开包装就有一股很浓的巧克力香。席奥玛拉·门德斯（Xiomara Mendez）告诉我，在萨尔瓦多大家都吃新鲜的，在美国却只能买到冷冻的。她又说，新鲜的好吃多了。

这几年来，我发现，平常看见的一种路边野草竟是一种紫米谷类，土荆芥和一种小辣椒也会在得州的许多空旷地上自然生长。"洛若可"在中美洲是野生的，既然如此，我猜想在北美洲应该有类似的植物吧。

于是我上网去找，在 www.botany.utexas.edu. 找到新鲜"洛若可"的图片。看来很陌生。我读了一些其他城市的餐馆评论，美食作家只说它是会开花的植物，是"普普萨"常用的食材。这一点我已经知道了。有一篇学术研究报告说，这是一种营养丰富的蔬菜，以玉米为主食的中美洲人一向习惯食用。有一个人为了理解"洛若可"，上了康奈尔大学（Cornell University）的营养食物网站去问，这是一个提供食品知识的很可靠的网站。但是康大的专家却把它误认为卷牙蕨类，不过他们也指了一条寻求进一步信息的路。

美国农业部发行的《拉丁美洲食物营养成分大全》（*USDA Nutrient Composition Book of Latin America*）的说法是："洛若可"在英文之中俗称"提琴状"（fernaldia），因为它的花状似小提琴（康奈尔大学的专家可能因此把它与蕨类混淆）。"洛若可"的学名是 *Fernaldia pandurata*，每 100 克有 32 卡路里的热量，含 2.6 克的蛋白质，0.2 克脂肪，6.8 克碳水化合物，另外还含有纤维质、磷、铁、维生素 A 与 C。我可以想象萨尔瓦多的妈妈们时常叮咛小孩子："乖乖把'洛若可'吃光。"

美国农业部的"商品及生物风险分析"小组，是负责检查进口到美国的生鲜农产品的部门。"洛若可"也列在他们检核的目录上。我很爱看这个目录，简直就像一大串明日之星，似乎都要成为追逐食物精华人士的最爱。其中还有诺丽汁（noni）、夏威夷的粉色西番莲（maypop）、澳洲红毛丹（rambutan）、厄瓜多尔的巴巴可木瓜（babáco），还有危地马拉的假芫荽。

爱吃"普普萨"的休斯敦人，想要在"乡村"或"鹿"吃一客美味地道的乳酪"洛若可普普萨"，也许指日可待。我此刻已经忍不住要想象"洛若可"那香、甜、脆的花蕾和拉成长丝的乳酪夹在新磨玉米粉烤饼中的味道。

当然，未得到生鲜的"洛若可"之前，像圣萨尔瓦多市民一样享受"普普萨"的完整经验仍属梦想。所以我要公开恳求一下：哪位坐拥生鲜"洛若可"的仁人君子，我不要求你的姓名，也不问你是怎么得来的，你可以把我的眼睛蒙起来带我到一个秘密的地点，我只求能尝一口它的味道。

吃贝果活受罪

"你拿笔记本记我做生意是搞他妈的什么玩意儿？"杰伊·科恩哈伯（Jay Kornhaber）怒吼道。他是"纽约咖啡馆"（New York Coffee Shop）的老板，看见我藏在《纽约时报》下面的笔记本，便一把抢过去。其实我还没开始做笔记，只是在等候我点的煎蛋熏鲑鱼的这段时间做杂志上的填字游戏。然而，看见我手上拿着笔就足以使科恩哈伯颈上的血管偾张。这位身材瘦而结实的年轻纽约佬，蓄了厚厚的小胡子和下巴上的一片须，是摇滚乐手弗兰克·扎帕

（Frank Zappa）的样式，但是他今天上午情绪不甚好。

今天是星期日，是这家位于休斯敦希尔克劳夫街上的咖啡馆最忙的一天。我 10 点走进来的时候已经有人在排队，科恩哈伯和蔼可亲的合伙老板艾德·加夫里拉（Ed Gavrila）却招手叫我坐上柜台旁的凳子。爱谈笑的女服务员们就在这儿抽烟闲聊。就在科恩哈伯冲过来抢走我的笔记本的时候，一切说笑戛然而止。

"你不说你一直拿着这个笔记本待在这儿干什么吗？"他问，一面翻着我的笔记本找证据。幸好我的字迹潦草得连我自己都看不大懂。

"对不起，我不能说。"我答。

"你非说不可，要不然你会后悔莫及。"科恩哈伯说着便向前探过来，冲着我的脸。

"我的职业道德不允许我说明。"我说。

"你是干哪一行的？"他问。有大脑的人这时候应该都会想到我是个餐馆评论者，可是科恩哈伯气得忘了用大脑。"你自己要开馆子，所以跑来抄袭我，对不对？"他愤怒地问道。

开餐馆成功的人之自大，有时候到了好笑的地步。"纽约咖啡馆"的装潢只是普通的油地毡、难看的 70 年代款式壁纸、塑料布的座椅、塑料面的桌子。他们供应的各式煎蛋、烤贝果、三明治，也是纽约市数以百计的熟食店和咖啡馆都在供应的。甚至他的店名也是没有商标注册保护的。我能抄袭到什么特别的行业秘密？

我在这儿买贝果（即硬面包圈）已有一年多了。通常来了会点一客 2 人份的鱼什锦，由我和两个女儿分着吃。这一客包含熏鲑鱼、裸盖鱼、白鲑、雄鲑，还有贝果，以及很多西红柿片、洋葱、橄榄和各式辛香料。熏鱼肉都不错，但真正吸引吃客的是贝果。如果你以为哪儿卖的贝果都差不多，你就错了。到这儿来吃吃看。

每次到纽约，我都设法抽空去一趟80街和百老汇口上的"H&H贝果"。这儿的贝果的发面香与嚼劲，是快乐似神仙的早餐经验。这儿的贝果卖得太好，所以你不论什么时候来买都是刚出炉的。我到科恩哈伯的"纽约"来也一样，不必花时间考虑要买芝麻的、罂粟子的，还是洋葱的，只照纽约人的样子："我要12个卖得最好的，随便哪一种。"

此刻我点的煎蛋熏鲑鱼端来了，科恩哈伯仍旧穷追不舍。我吃了一口，他又在问我跑到这儿来干什么。蛋煎得松软，有焦糖的洋葱甜而脆。我虽然比较喜欢加拿大鲑鱼配贝果，但也爱咸的熏鲑鱼配煎蛋洋葱。所以我吃的是加乳酪的"全料"烤贝果和煎蛋饼。店内其他客人都在往我这边看，服务员被科恩哈伯的脾气吓得心神不安，给我的咖啡续杯时手还在发抖。

"纽约咖啡馆"是以前曾在《休斯敦周报》担任编辑的鲍勃·博特曼（Bob Burtman）介绍给我的。他是在波士顿犹太小区长大的，不喜欢那些模仿东岸著名小馆的餐馆，却喜欢这个地方的气氛。"这只是个普通的咖啡馆，就在犹太小区中心的街上。很有看头。"博特曼说，"有一伙犹太老人常去，你会遇上一些真正有意思的角色。"

我和科恩哈伯初次相遇是一个星期以前，大约是下午3点的时候。"纽约咖啡馆"下午3点半停止营业，所以这时候几乎没人了。我想趁这个时间溜进来，吃一客鲁本三明治（Reuben，黑面包夹泡菜、咸牛肉、瑞士乳酪），做一点笔记。不久前我才吃过纽约的"卡内基小店"（Carnegie Deli）和休斯敦的"肯尼与齐吉"（Kenny & Ziggy）的鲁本三明治。我本来是想写一篇3家鲁本三明治的比较。我正在抄菜单上的项目，科恩哈伯就在这当儿跑来把菜单夺走。

"我是这里的老板，你不可以在这里抄我的菜单。"他说。

"你不让我看菜单吗？"我问。

"不可以。你要是不高兴，你就出去。你要记笔记，就到别的馆子去记。"这位好战的老板怒吼道。

我的第一个反应当然是愤怒。但是，走在回家的路上，我开始回忆上一次被人从餐馆赶出来的经历。那一次是在纽约——当然是在纽约，我和两个朋友因为携带一个比萨进到"麦克索利老麦酒屋"（McSorley's Old Ale House）被轰出来，那服务员拉高了嗓门把我们骂出来，外面正在下雨。现在回想觉得很好笑，再想科恩哈伯骂人的模样，忍不住也笑了起来。

我也突然明白过来，我在"纽约咖啡馆"遭遇的，正是休斯敦其他纽约式餐馆欠缺的那一点纯正纽约味——凶巴巴的态度。纽约餐馆的老板应该是蛮不讲理的，应该对送货人员大呼小叫，应该对着电话里大骂脏字，应该对客人毫不客气。纽约餐馆老板应该处处表露这个味道——"你不是想要纽约调调儿吗？老兄，我他妈的现在就让你尝尝纽约调调儿！"

"纽约咖啡馆"应有尽有，有纽约调调儿，有贝果，也有非常好吃的鲁本三明治。这儿的鲁本不是"卡内基小店"和"肯尼与齐吉"那样的庞然巨物，不是非得用刀叉来吃的。这儿的鲁本三明治可以用手抓着吃。"卡内基"的鲁本定价18.95美元，夹着双重的3英寸厚腌牛肉、泡菜、瑞士乳酪，相形之下，上下的黑面包显得微不足道，两个人吃都嫌太多。（如果你要店家帮你分成2人份，就得付21.95美元。）至于"肯尼与齐吉"的鲁本三明治，差不多正好是"卡内基"的一半大，价钱也是一半，但牛肉的咸度远不及"卡内基"。

"纽约咖啡馆"的鲁本三明治夹着正好1英寸厚的上好腌牛肉、泡菜、瑞士乳酪，黑面包烤得也正好，定价5.85美元，一餐正够饱。就我个人而言，这种注重实际的处理方式值得称赞。否则，为了该剩在盘子里还是带着没吃完的那一点走——让酸泡菜和瑞士乳酪气味整天如影随形——而左右为难，是烦不胜烦的。

不过我最喜欢的"纽约咖啡馆"午餐，是菜单上说的午餐客饭，内容包括一团鲔鱼色拉或鸡肉色拉、鸡蛋色拉、碎牛肝，外加西红柿、洋葱、生菜，以及一个烤贝果。上次来我点了碎牛肝，非常满意。

那一次来，我正拿着笔记本写东西，艾德·加夫里拉经过，见我独自一人便问："要不要看报纸？"我谢了他，心想真是个周到的人。他一路走过去，和女性客人亲脸打招呼，又逗小孩子玩。

"艾德是大好人，杰伊是不好惹的人，是吗？"我问帮我续杯的服务员。

"艾德是公关，杰伊是生意人。"她答，"大家宁愿有杰伊这样的老板。有什么东西打坏了，他会处理。客人如果拿着吃了一半的汉堡要退钱，杰伊会说：'门都没有。'艾德对客人只会逆来顺受。"

杰伊·科恩哈伯当然不会对我逆来顺受。不但如此，他还有意下永久的逐客令。我如果不说我拿着笔记本干什么，以后就不准我进来。这就是他说的我会"后悔莫及"的意思。以后不能再来吃新出炉的贝果，这岂不兹事体大！但是我也受够了每次来吃贝果看科恩哈伯的脸色。

"你凭什么不准我在餐馆里写笔记？"我反问他，"你凭什么要看我的笔记本？你这样是不是严重侵犯他人隐私？你的菜单墙上也有，为什么不准我看？"

"馆子是我开的，我就是不准。"他吼道。我料想，他在其他情况下一定是坚决支持民权、支持宗教信仰自由与政教分离等抽象概念的吧。当然他也可能全不支持。

"不准就不准吧。"我挑衅，"你赶我出去呀！你赶嘛！"他气得发抖，但仍站着没动。"你要是不赶我，就走开，让我把东西吃完。"我说。

"我跟你在停车场见。"他以恐吓的语气说着，大踏步走了。我吃完东西，付了钱，给那受惊吓的服务员小费，便走到店外的停车场。我对这好斗的家伙摆出迎战的架势，他却撤军了。

"我自有解决之道，"他说，"你只管上你的车。"他跟着我走，并且把我的车牌号码抄下来。也许他会循车号查出我的地址，然后，某天早上我醒来时就发现床上有一个死马的头，或是发现我的猫被放在厨房的炉台上煮。这个人实在有意思。世上有几个餐馆老板对自己的事这么在乎？他虽然行为像个傻瓜，我还是很欣赏他的热情。

以后我大概进不了"纽约咖啡馆"的门了，不过我仍大力推荐他们的加配料贝果。读者如果有兴趣体验一下怪老头式的蛮不讲理，就带着笔记本去吧。

"速冲"新主张

我敢赌一罐啤酒，这个机车骑士会点"速冲"（Squealer）。在这家名叫"多琪的店"（Tookie's）的路边饮食店里，我邻近桌位的这位男士蓄着尾巴长长的八字胡，头上包着印花大手帕，身穿哈雷机车运动衫，袖子卷起，展示着他的刺青。他的金发女友双手托着下巴，在室内仍戴着太阳眼镜。这位骑士精心挑选的全套配备，从机车、衣着到心仪的女伴，都在很努力地营造一个时尚告白。所以我才会打赌他不会点一客鱼排三明治来把这些心血弄得前功尽弃。

"速冲"乃是和他的模样正搭调的汉堡，可以把他的个性表露无遗。这种终极的培根乳酪堡用的培根不是单独炸过再把油沥干的，它的培根全搅在汉堡牛肉里。这厚厚的、手做的、有亮晶晶培根粒的牛肉饼在油锅里煎过，叠上乳酪，再夹上面包。这种做法的妙处是，在煎的过程中，培根的油化在汉堡肉里，结果就是煎出一个很咸的、很油的、脆皮的汉堡，口感特别嫩，就算煎十分熟也不老。

"多琪"位于距离得州 146 号公路半小时车程的锡布鲁克（Seabrook）。一路上景观不错，全是湾区炼油厂在阳光下闪闪发亮，直直的大烟囱和棕榈树一样高。帕萨迪纳（Pasadena）和拉波特（La Porte）的空气中都弥漫着石油的芳香，这一带的人称之为"钱的气味"。在石油工业都市丛林的毒害中心，苜蓿芽和嫩豆腐是你想也不必想的东西。你反而会想投入机械与工业可畏的威力之中——"多琪"的"速冲"就有这种劲道。

假如你以为这样做的汉堡是最易堵塞血管、增高胆固醇、危及生命的，那你可搞错了。我点的"速冲"送来之后，有五个人到我邻桌坐下，其中一个点了"双料速冲"。我听了立刻端起菜单来找，发现它的正式名称是"叠罗汉"，也就是双层的速冲汉堡肉；是"速冲"功能的平方。这双层的汉堡端来时，我是怀着赞叹与惊喜的。这危颤颤的叠罗汉，油脂顺着两侧往下滴。幸好我刚才没在菜单上看见这个。

谨遵健康要求吃喝了一个月之后，我渴望放肆地吃一顿油脂过量的大餐，正所谓"凡事应有节制，但节制也应适可而止"。但因为顾及我的胆固醇问题，我点了"全料"的速冲汉堡，也就是说，里面加了有益健康的生菜和西红柿。另外我也点了"多琪"著名的油炸洋葱圈。洋葱算是蔬菜，素食主义者可以作证。

收银台后面墙壁上挂了一幅大油画，画中是一位穿着深紫色洋装的俏丽中年女士。人家说这就是多琪小姐，是本店的创业老板。

以前她每天早上都来店里，亲手做油炸洋葱圈。老实说，我觉得这洋葱圈不怎么好，不够脆，而且油炸面糊一咬就掉下来。邻桌的这几位却为了洋葱圈在发脾气。其实他们吵起来不是为了洋葱圈，而是为了"牧场酱料"（ranch dressing）。

"本店不供应色拉，所以没有任何酱料。"女服务员想要解释，这些客人却听不进去。在得州，牧场酱料和色拉是无关的。有好几位得州主厨都说，近十年来的牧场酱料消耗量提高的程度令他们惊讶。如今牧场酱料用于色拉的时候少，反而是当蘸酱用的时候多。（在得州西部，有些餐馆客人把它视为一种饮料。）依我推测，牧场酱取代西红柿酱与墨西哥辣酱而成为美国最普遍的调味料，是早已发生的事实，就出外用餐的人而言，大多数会认为吃洋葱圈没有牧场酱是很奇怪的——吃比萨、小面包，甚至罐头桃子没有牧场酱也一样奇怪。邻桌的人也是如此，女服务员每次走到他们桌旁，他们就要牧场酱，终于把她弄得烦了："你们为什么不到便利商店去买一瓶来？"

"多琪"的女服务员们都不是怯懦之辈。这一位穿着脏脏的牛仔裤、"多琪"的绿色 T 恤、球鞋。方才我问她推荐哪一种汉堡，她答得直截了当："我们卖得最好的是'冠军'汉堡，肉是用沙布利葡萄酒（Chablis）腌过的，外加干乳酪和洋葱。'速冲'是掺培根的，点速冲汉堡吧。"除此以外，还有豆子汉堡、烧烤汉堡、辣椒乳酪汉堡，以及一种叫作"施通普冰屋特级"的加辣汉堡，后面还附了一个"特辣"的责任自负条款。

我忍不住想，这一带也许真的曾有一个"施通普冰屋"，后来可能因为什么原因而消失了。如果真的曾有这么一个地方，一定留下了什么纪念品挂在"多琪"的屋椽上。这儿歪歪斜斜的柱子上全都装饰着各式杂物。从我坐的这个位置就可以看到一双冰球鞋、几盏旧的交通信号灯、一个"壳牌石油"的加油站招牌、一双穿了白高跟鞋红长筒袜的衣架模特儿的脚。

我吃毕起身离去时，邻桌骑士点的汉堡送来了。是一客双料"速冲"，我只能算对了一半，你请我半罐啤酒吧。

第二次去"多琪"是在晚上。我以为这会儿聚满了骑重型机车、穿皮夹克的"地狱天使"，结果却发现这儿变成一个阖家休闲的地方。小孩儿在爸妈的桌位与洗手间之间来回跑，懒洋洋的高中学生情侣占了其余的桌子。

我考虑了一下要不要点一个双料"速冲"，后来还是决定一试附注了"特辣"的施通普冰屋特级。这位年轻的女服务员没弄清楚米勒啤酒（Miller）与米勒淡味（Miller Lite）的差别，经过几分钟的解释修正，终于给我端来一杯冰透杯子的啤酒。这可是享受辣得冒烟的美食的必备良伴。

我若不愿遵照规定，就得自己在家里做半熟的汉堡，或者哀求煎烤汉堡的人手下留情。"多琪"却找出几种新方法来提高肉的嫩度，同时却不逾越餐馆新规定的范围：在碎肉里掺培根，用酒腌牛肉再加乳酪，在汉堡肉上面加豆类或热酱等润滑剂。

在到处是炼油厂的得州，像这样的献艺新招乃是意料中事。毕竟，拿废弃输油管改造得州烧烤的象征符号——双槽有轮的钢制移动熏烤灶，也是这儿的人始创的。所以，新时代的汉堡既然遇上有解的油脂扩散难题，得州佬的钻井才能不怕没有用武之地。且看"多琪"的速冲汉堡，必是财源不断的一口好油井。

菜单上说，施通普冰屋特级汉堡是"汉堡肉饼加佩司香辣酱、哈拉佩诺辣椒丁、烤洋葱丁、蛋黄酱、生菜、西红柿片"。汉堡端来时，这些配料果然一样不少，但是你能不能全吃到嘴里，却大成问题。我每咬一口，馅料就纷纷往盘子里掉。盘里附了一只叉子，

　　　　　　　吃的大冒险

以便你边吃边往回捡。

对一般得州人而言，这辣度还算不上"特"。但是哈拉佩诺辣椒有一点火上浇油的作用，所以必须借冰啤酒把偶尔冒火的喉咙浇熄。整体而言，这特级汉堡远不及速冲汉堡精彩。

这一客汉堡中的湿材料和碎肉的比例，引发我思索"多琪"各式汉堡用料的道理何在。显而易见，他们是在想方设法使煎得全熟的汉堡肉富有嫩的口感。凭这一点就值得我们感激了。自从1993年"盒中杰克"（Jack in the Box）汉堡爆发骇人听闻的事件，以及美国食品药品监督管理局随后修改的烹调温度措施，食品服务业的责任部门就要求我们只能吃全熟的肉。美国汉堡风俗的这种改变，使我们这些爱吃半熟汉堡的人愿望落空。

当杰弗里遇到塞尔玛

"塞尔玛烧烤"（Thelma's Bar-B-Que）开在活橡树街（Live Oak）上，她烤的牛胸肉，外面焦而香，里面却是滑嫩而软得像白面包，怎会如此，令人好奇。塞尔玛发誓说她没有用锡箔包着烤。她说她只是在下午5点钟燃起一根橡树圆木的灶火，然后就让肉熏着，一直到第二天上午。烤牛胸肉是配着深褐色的酱汁吃的。如果你点"里外片"（in and out），就可以吃到许多带着里面嫩肉的焦酥外片。

这烤肉并不是像广告图片上切成一列扇形的那种烤肉比赛中最有冠军相的，而是又烫又油，切得东倒西歪的东得州式大烤肉。我第一次来吃就认定，塞尔玛烤肉是我在休斯敦所吃过的最上品。所以这一次我带了杰弗里·施泰因加登（Jeffrey Steingarten）来吃午餐，他乃是《时尚》（Vogue）的著名饮食作家，也是《百无禁忌的吃客》（*The Man Who Eat Everything*）的作者。

"塞尔玛烧烤"位于粗陋的第三区之中，是一栋小小的红色房子，在"乔治布朗会议中心"以东，周围多是一些丢置废弃物的空地，以及一些没窗户的库房。走进正门入口之前，先得经过一个装了纱门窗的前廊和一张破旧的芥末色塑料皮沙发。

房子里面是一间舒适的用餐室，样式不一的桌椅凑成十二个桌位，点唱机里装的都是蓝调、摩城（Motown）、载迪克音乐（Zydeco）唱片，一台电视老是在播着连续剧。晚餐时候这儿几乎是空的，烤肉虽然不错，但不如中午的可口。这是自然的。凡是吃烧烤的行家都知道，好的餐馆都有一个尖峰时段。塞尔玛的尖峰时段是中午，她的午餐客人包括穿制服的警察、下车小憩的卡车司机、同教会的教友，以及像我们这样偶尔出现的烤肉迷。

施泰因加登要求参观烤灶，并且询问老板塞尔玛烧烤的方法和时间。塞尔玛大大方方回答了他的所有问题，才带着我们到后面去看她的漂亮设备。熏烤灶的燃烧室在屋外，有一扇加重的门开在厨房里。这家店的前身是有两三张球台的酒吧，但显然最初就是一家烧烤店，从烤灶的设计可以看得出来，这是 20 世纪 50 年代建的。样式几乎与阿尔梅达街（Almeda）的"格林氏"（Green's）一模一样。

我们回到用餐室就座，塞尔玛抽出小本子来记录我们点的菜。施泰因加登点了双烤餐，但是不想要配菜。塞尔玛不准，他只好要了马铃薯色拉和凉拌菜。

"把外套脱了，亲爱的。放松自在一点。"塞尔玛对这位纽约来的客人说。现在是 6 月的炎热午后，施泰因加登穿着刚下飞机未换的深蓝色西装外套和牛仔裤。

施泰因加登是哈佛大学法学研究所出身，曾在曼哈顿区担任法律顾问，以美食写作结合严格的科学怀疑论而闻名。他是终极难缠的客人，做调查研究是以确实的数据为依据，不是凭一时的感想。（本月份的《时尚》杂志中，他为了评鉴牛油的香味，特地向一家工业乳品实验所订购了丁酸。）目前他在钻研得州的烧烤。他是全美最大规模的烤肉比赛"5 月孟斐斯"（Memphis in May）的常任评审，可不是对烧烤外行的一般纽约佬。

他此行是要参加"南方饮食联盟"（Southern Foodway Alliance，SFA）主办的中得州烧烤实地之旅，应邀的还有 75 位饮食作家和学者。我请他早两天南下，先来品尝一下休斯敦的东得州式烧烤，再转往中得州。"塞尔玛烧烤"乃是我们的第一站。

塞尔玛姓威廉斯（Williams），今年 52 岁，从小生长在路易斯安那州乡下的克里奥尔家庭。这是她平生第一次开馆子，以往的烹饪经验只有在北道（North Wayside）的"好牧人浸信会礼拜堂"给会众做晚餐。"我就是爱做东西给大家吃。"她说。在她童年时期，她父亲是以做外烩维生的。"我做烧烤是跟我爸爸学的。"因为手艺好，家人和朋友劝她投入餐饮业，她才在三年前开了这家烧烤店。可是，即便烧烤做得一流，生意并不怎么兴隆。

我点的一大盘煎鲶鱼排来了。我午餐点鱼很令施泰因加登不解。其实我平常也会觉得在烤肉店的地方点鱼是很奇怪的，但是明天我要担任观光巴士的导游，要在几小时之内游完 5 家烧烤店。而且，塞尔玛的煎鱼说不定比烤肉还要美味。她的煎鲶鱼熟嫩度是按客人指示做的，外面裹了粗玉米粉，煎得很脆，里面又烫又嫩。这是不需要用叉子的，可以用两根手指捻着像吃饼干一样地品味。

塞尔玛也把怀疑论美食家点的烤肉端来了。他吃了几口之后，我从他扬眉的表情看得出他正吃得快活似神仙。我试图偷尝他一块，好分享这种感受，却差点被他那只来回不停的塑料叉子扎到手。终于，他递了一小块给我。我嚼着嚼着忍不住咧嘴笑了：塞尔玛今天真是超水平发挥。杰弗里点的双烤餐除了牛胸肉，还有同样美味的肋条肉，不过好的肋条肉在很多别的地方一样能吃到，塞尔玛那焦熏超嫩的烤牛胸肉却是仅此一家的。

"我这下算是开了眼界。"杰弗里·施泰因加登说，他仍然没把外套脱下，正以充满敬意的眼光看着逐渐减少的烤牛肉。"我终于明白得州人这些年来老是吹嘘烤肉的原因了。我这一辈子只吃过四五十次烤牛胸肉吧，塞尔玛的确出类拔萃。"他也很欣赏脆而无油的煎鲶鱼，至于这份马铃薯泥色拉的配菜，是他第一次吃到，也是立刻就爱上。

既然已经尝过这一家，我以为可以拉他再去多试几家。可是不论我怎么催，他就是不肯动。显然，这位纽约客一旦凭实践确认眼前的美食质量不凡，就现出好吃者的原形。他边吃边发出满意的哼声，而我只好看电视连续剧打发时间。反正他一定舍不得搁下那泡沫塑料盘子里的肉，我索性耐心等吧。

杰弗里会在 SFA 的中得州烧烤巡礼中参观到所有已负盛名的地方：烧烤之旅指南上登载的肉品市场、杂志报道过的著名大烤灶，等等。塞尔玛的店提供的却是得州烧烤真正好在哪里的一个温馨实例：在"孤星之州"（Lone Star State，得州的别名），你在道路旁的大树荫下、在浸信会教堂的聚餐中、在市中心一个没人听过的破旧小店里，都可能吃到有生以来尝过的最美味的烤肉。

越南的记忆

"东方美食"（Cuisine de L'Orient）今天的午餐客人都是越南人和越南裔美国人，每桌客人都有一客叫作"热锅"的全家福大碗盛的汤。我在一个靠窗的位子坐下，问服务员推荐我点什么热锅。他建议我点一个酸辣鱼汤，另外又建议我不要点冷春卷，改点热河粉。我便照他的意思一试。

河粉是糯米做的，一客 6 条，每条只有 2 口的量，有馅，是蒸的。热河粉上面撒着冷的生菜丝、黄瓜末、脆煎的洋葱丝。旁边附了一碟鲜红的蘸酱，看来是米醋和辣椒油调成的，里面加的碎辣椒之多令人瞠目。

街口的路标写着"特拉维斯"（Travis），下面的一行字即越南文的街名。在休斯敦中心区的这一带，所有的路标都是越南文和英文并列的。

我这碗汤既辣又酸，而且有甜味。我可以看出辣的原因是有哈拉佩诺辣椒片，酸味应该是来自米酒醋。但我吃不出是什么甜味。我舀着鱼汤喝，嚼着大块的鲶鱼、芹菜片、软烂的整颗秋葵荚，终于吃到一粒菠萝丁。神秘的甜味就是从这儿来的。

汤碗底还有许多小小的白色颗粒，我猜应该是米粒，这是越南菜的重要食材之一。

服务员维基·黄（Vickie Huynh）来给我添水时看见我的一碗白饭只吃了一部分，便问："您不爱吃米饭吗？"

"当然爱。"我答，"可是汤里已经有米饭了。"

"汤里没有。要你自己把米饭拌进去。"她说。

"那这是什么？"我用汤匙舀起碗底的一些白色小方粒。

"是大蒜啦！"她笑着，"是切了小丁煎的。"

我哑然。碗里大概有 3 汤匙的蒜粒。我舀起一些吃了，味道有点像坚果。我想是因为煎过，把蒜本来的味道缓和了，烤过的蒜也是这样。

"越南本地的鱼汤也有鲶鱼和秋葵吗？"我问。我觉得这些都是美国南方菜的食材。

维基说越南也产秋葵，但越南人烧鱼汤不用鲶鱼，蔬菜也不用厚茎的芹菜。此外，辣椒也不是用哈拉佩诺，而是比较小且更辣的。

有嚼劲的蒜、哈拉佩诺辣椒、菠萝丁、去骨的鲶鱼肉、整颗的秋葵荚融合成一种特别的味道。休斯敦版的酸辣鱼汤也许不是和越南的一模一样，却有它自己的风味。我不好意思地舀了些米饭到汤里，完成了它应有的味道。

这是我连续第二天到"东方"来吃午餐。昨天我点的是蜗牛面线汤。蜗牛肉太有韧性了，让我想起儿时把玩具车橡胶轮胎揪下来啃的感觉。你记得咬那种会发出吱嘎声的橡胶玩具的感觉吗？还有咬在口中的那股苦味？这蜗牛肉正是那种感觉。幸好汤面里还有很多虾和好吃的猪肉片。

事前服务员曾经劝我不要点蜗牛汤面。"吃蜗牛的爱好是要经过学习的。"他说着，又做了一个不敢恭维的表情。我以为他的意思是说他自己不爱吃。但是听起来这应该又是一道集合法国风味与越南烹饪的新发明，就像法国长条面做的越南三明治，一定很好吃。所以我起码该试一次。这位兼经理职的服务员名叫约翰·阮（John Ngynh），是个大学生。他和一伙朋友坐在一起，我想他们大概以旁观我吃蜗牛的滑稽状为乐。不过这儿的情景本身更为滑稽。

下午3点时分，除了我之外，就只有约翰和他的3位越裔美籍的同窗好友。他们边玩扑克牌边吃着一个"约翰老爸"（Papa John）比萨。一个美国白人在吃越南菜，越裔美国人却在越南馆子里吃比萨。这让我觉得太滑稽了。

我对阮说出这种情状时，他微笑着说："这件事说起来的确有点讽刺。可是我们天天吃亚洲菜吃腻了，而比萨是无人不吃的东西。"

这时候，店里的收音机收听的老歌电台播放出埃尔顿·约翰（Elton John）唱的《告别黄砖道》（*Goodbye Yellow Brick Road*），我更感觉出这情景中的吊诡。这首歌把我带回自己的大学时代，以及越战的时代。那时候我就和眼前这些越裔美籍的孩子一般岁数。

我这一天吃的算命饼干里夹的字条是："痛快地笑一场和痛快地哭一场都可以涤净心胸。"

前参议员鲍勃·克里（Bob Kerrey）的创痛经验（译注：克里曾于1969年2月以中情局身份指挥屠杀三蓬村全体妇孺的暴行）唤起的是我们这一代的共同回忆。在街头示威中被警方喷催泪瓦斯，大概是我仅有的战场经验。我父亲是参加过朝鲜战争的陆战队军人，他认为我的反战示威是怯懦的行为。我凭一纸在学缓召幸而躲过了这场战争，但一直有很深的内疚和羞愧，觉得自己背叛了赶赴战场的人和为此战牺牲生命的人。

前年夏天我曾带着孩子们到华盛顿首府一游。在林荫大道上闲逛时走到越战将士纪念碑，我们便停下来瞻仰。我走到刻满名字的黑色石壁前，眼泪夺眶而出。女儿们问："爸，你怎么哭了？"

"我也不知道。"我老实地回答。

克里参议员引发激荡以来，媒体就不断播出老套的越战时候鹰派与鸽派对阵的高分贝叫嚣。这些口号和简化了的大道理，都是我们已经听够了的，以前觉得不对，现在听来依旧不对。

在休斯敦，有一群人对越战的看法是我真正在意的：越南裔美籍大学生的意见。也就是为了这个缘故，我今天又跑到"东方"来吃午餐。

休斯敦是美国最大的几个越南社群之一，目前人数多达4.6万人。自1975年以后，越南移民就陆续到来。其中有前政府高官和企业领袖，也有一般难民。常来"东方美食"的大学生便是他们的子女。

此刻有 6 名学生坐了一个圆桌，5 男 1 女。其中有几人是休斯敦大学（University of Houston）的"国际越南学生协会"的成员。我确实有问题想问他们，所以就走到他们桌前自我介绍。

我说，30 年前我正值他们这个年纪，曾被征召要上战场去"保卫"越南。我问他们："假如明天越南爆发战争，推翻现任政府的可能性很大，你们会上战场吗？"

"不可能的。"他们回答一致。

"为什么？"我问，"越南是你们的祖国啊。"

"如果上了战场，是兄弟自相残杀。"一位学生说。

"我们应该已经从战争中学到教训，"现年 24 岁的休斯敦大学学生安迪·朱（Andy Chau）说，"战争并不能解决问题。"

在这些学生看来，越南的那一场战争一定是不合时宜的。安迪学到的历史教训很直接：战争不会造成变革，战争只会带来苦难与死亡。

"我们的学生团体要直接援助越南人民而不涉入政治。"安迪说。例如，前不久越南发生水灾，学生们在本地越南侨界筹募了 2.6 万美元，交给宗教团体送到受灾地区。

"让美国政府去和越南政府打交道，我们只管越南的百姓。"

"美国以前的作为对越南有益吗？"我问他们。

"没有。我想美国在越南是为了他们自己的政治利益。"25 岁的露西娅·陈（Lucia Tran）说。

我很想知道，这一代越南美国人的看法和他们父母辈的纯正越南人会有什么不同。越南传统的酸辣鱼汤用了美国南方的鲶鱼和得州的哈拉佩诺辣椒，休斯敦的越南文化也经历了美国化的过程。新的一代以作为越南人为荣，但是他们的美国气质也是明显可见的。

我走回自己的桌子，付了钱，拿了未吃完的打包食物，有一种卸下重负的感觉。这一次我吃的算命饼干写着："智慧助你远离险恶。"

　　休斯敦因为有全国最大的越南裔社群之一，连饮食方面也沾了极大的光。这儿的越南餐馆水平太高，使得纽约和芝加哥的相同档次越南餐馆像在玩过家家。休斯敦的越南餐馆不但提供了美食，也给休斯敦人打开一扇看见东南亚文化的窗口。我爱吃"东方美食"的热汤和河粉，但是更令我感受良多的是理解东南亚政治现实的全新观点。

第六章

斯人而有斯食也

一模两样

我走进布赖顿海滨大道（Brighton Beach Boulevard）的"浓缩咖啡小馆"（Cafe Espresso）坐下，电视正在播放 WMNB 台的 24 小时俄语节目，来自莫斯科的新闻吸引了所有人的注意力。女服务员走来，递给我一份菜单，她原籍乌克兰，来自海港胜地敖德萨。我点了一客布尔兹（blintz，以乳酪、水果或果酱包馅的薄卷饼）和一杯俄式茶。

"包肉的还是乳酪的？"她问。我从未听过包肉馅的布尔兹，就各点了一份。布尔兹是用烤的薄饼包了馅之后再油煎的，通常是配着酸奶油吃，我点的肉馅布尔兹包的是鸡肉馅。两个布尔兹既烫又脆，都很好吃。

常听人谈起布赖顿海滨，这是纽约的一个俄罗斯移民小区，就在布鲁克林区"Q"地铁的终点站。这一回来纽约，我空出一天时间来专访这个地方。我外婆是从罗塞尼亚（Ruthenia）来到美国的移民，她的故乡是邻近乌克兰的喀尔巴阡山区。我从小就习惯吃俄罗斯风味的饭菜，所以认为到布赖顿海滨应该可以找回旧时记忆。我的想法虽然没错，却没料到会因此好好上了族裔文化知识的一课。

我吃完布尔兹卷饼，就到一家"布赖顿海滨咖啡店"（Brighton Beach Coffee Shop）。为我服务的这位妙语不断的娇小女士名叫莎莉，我问她能否推荐一家俄罗斯馆子。"我从来没去过俄罗斯馆子，"她答，"我是犹太人。"

"犹太馆子的东西和俄罗斯的不是差不多吗？"我问，"都有布尔兹、克尼士（knish，烤或煎的馅饼）、罗宋汤，不是吗？"

"你要吃布尔兹，就到马路对面的'布赖顿海滨奶品馆'（Brighton Beach Dairy Restaurant）去。"一位正在柜台买咖啡的男士说。

"俄罗斯布尔兹和犹太布尔兹有什么不一样？"我问他。

"犹太布尔兹是照犹太教规做的。"他答。

这种答复不能令我满意，所以我到马路对面去看个究竟。"布赖顿海滨奶品馆"在布赖顿海滨大道410号，是纽约少数仅存的遵照犹太教教规的奶品馆子。我在这儿又点了一客乳酪布尔兹配酸奶油，却没吃出这和俄罗斯布尔兹有什么不一样。

我起身要离去，老板迈耶·布兰德温（Mayer Brandwein）拦住我。他是位英俊而体格结实的男子，戴着花哨的犹太小圆帽。"您的布尔兹怎么没吃完？"他问。我就老实告诉他，我才刚刚在一家俄罗斯馆子吃过一客，此来是要比较两者的差异。

"噢，"迈耶笑了，"俄罗斯布尔兹和犹太布尔兹是完全不一样的东西。"

"怎么不一样？"我真的糊涂了。

"他们把什么东西都拿来做馅料。"他说。我觉得他似乎是有偏见的，但听着他解释不同之处，我突然想起有一件事正足以证明他的观点或许有道理。

多年前，我与前妻刚结婚不久，我下厨为犹太裔的她做了一道罗塞尼亚甘蓝菜卷。她也是从小就爱吃甘蓝菜卷的，我原以为两人共享儿时的喜好应是再美妙不过的事。岂料她只吃了两三口就搁到一边。"怎么了？"我很纳闷。

"你包了酸泡菜！"她颇为反感地说。我当然要包泡菜，我母亲、我外婆，我所有的亲戚做甘蓝菜卷都要放泡菜。没有泡菜，算什么甘蓝菜卷！

一星期后，前妻照她祖母的方法做了一锅甘蓝菜卷。我觉得难吃得很。"甘蓝菜卷里面怎么可以放葡萄干？"我问她。而且西红柿酱里加了红糖。这不成了糖醋甘蓝菜卷？搞什么嘛。假如我是从来没吃过甘蓝菜卷的，应该会爱吃她做的。可是甘蓝菜卷这东西我太熟悉了，她做的根本就不对。

抚慰心灵的食物是难以理喻的。如果味道吃来和母亲做的一样，就能唤起童年的美好回忆。如果味道完全不像你记忆中的那样，会引起全然相反的反应。你会感到不快，认为它根本做得不对。假如我前妻最爱吃的东西是寿司，或是墨西哥玉米饼，或任何别的东西，我并不会排斥。可是她爱的是包葡萄干却没有泡菜的甘蓝菜卷，这我不能接受。（不过我们离婚的原因并不只在甘蓝菜卷。）

我是在斯拉夫背景的家族中长大的，这类菜式该是什么味道我当然最清楚了。但是，布赖顿海滨之行给了我当头棒喝。我在咖啡馆遇见的一位和蔼的乌克兰男士告诉我，俄罗斯是个非常大的地方。

"我们这儿的人说的俄罗斯，是指'大俄罗斯'。"他说，这要包括苏联的所有地区。因此，我在布赖顿海滨品尝的"俄罗斯"食品是来自近北极的西伯利亚到信奉伊斯兰教的乌兹别克之间的各个地方。而我所说的犹太菜，其实也算是俄罗斯菜。苏联解体后，俄罗斯人相继移民到布赖顿海滨。在此以前，这儿是犹太人居住的地区。至于布赖顿海滨的犹太居民，有很大一部分是从俄罗斯来的，纽约其他地区的犹太人亦然。

我一向认为属于犹太食品的拉特克（latke，马铃薯饼）、布尔兹、克尼士、罗宋汤，原来都是顺应犹太教规改版的俄罗斯食品。如今，布赖顿海滨大街上犹太食品和俄罗斯食品比邻排列，不是一定都能彼此有别的。有的食品，例如乳酪布尔兹饼卷，差别微乎其微，但也有一些的确是天差地别的。

"我来教你辨别，"迈耶说，"这个是犹太的克尼士。"他递给我一个他店里著名的乳酪蓝莓馅的克尼士。这甜点皮脆而干，有点像有硬壳的乳酪蛋糕。美味极了。"好，现在你到马路对面去买一个俄罗斯克尼士吃。"

我过了马路，在"M&I 国际食品店"（M & I International Foods Store）前的人行道上向小贩买了一个吃了。迈耶说得没错，两种克尼士完全不一样。俄罗斯克尼士看起来像个果冻甜甜圈，味道也像，但是内馅是随你选的，有肉馅的、甘蓝菜的、马铃薯的，也非常好吃，但是形状和"奶品店"切成方形的烤饼完全两样。

我决定走进 M&I 国际食品店里面去看看在卖些什么。展现在我面前的俄罗斯食品令我目不暇接，肚子也跟着咕噜咕噜叫起来。这里有我儿时常吃的东西：糖腌罂粟籽馅的酥饼、粗谷面包，以及大桶大桶的新鲜泡菜。这儿也有各式犹太熟食，例如熏鲑鱼、白鲑、荞麦麦糊、半酸的腌黄瓜、腌西红柿等。

另外还有整架整架摆着的我从来没听过的俄罗斯食品。有各式各样的香肠（我数到 30 种就数不清楚了），有填了馅料的茄子、包了馅的莴苣叶、塞了馅的红辣椒。有大堆的"拉特克"，这是在犹太光明节（Hanukkah）配酸奶油和苹果酱吃的马铃薯煎饼，但这儿是准备配猪肉香肠吃的。还有一大堆农家乳酪。

惊叹不已之余，我又走进隔了三四家的另一个俄罗斯食品店"美食喜庆"（Gastronome Jubilee）。店里的一道长长的柜台摆满配制好的午餐供顾客选购，有包心菜色拉和蘑菇丁酱，有多层次的彩色鲱鱼色拉——其中有黑的鲱鱼切条、白的马铃薯丁、深紫的甜菜丁、剁碎的熟鸡蛋。有用面粉和鸡肉灌的巨大烤香肠"奇士可"（kishke），还有让我一见就暖在心里的热腾腾的甘蓝菜卷。有位瘦小的老太太，一头白发和宽宽的斯拉夫颧骨都使我想到外婆，她买了两个甘蓝菜卷要充当午餐。我缓缓向她走近时，她报我以微笑。

"侯路普基思（holupkis）。"我用外婆教我的斯拉夫语说出"甘蓝菜卷"。

这位老太太拿着甘蓝菜卷，以奇怪的表情看着我。"葛路姆普希斯（golumpshis）。"她用另一种斯拉夫方言矫正我。我往门口走时不禁长叹。我这才明白，俄罗斯可能有十数种不同的甘蓝菜卷做法，每一种可能都有不同的名称。在俄罗斯食品方面，我有待学习的地方还多着呢。

我回到迈耶·布兰德温的店里，告诉他我的心得。和他又谈了一会儿，我渐渐明白，布赖顿海滨的犹太社群对于后到的俄罗斯移民是相当尊重的。

"他们来的时候除了身上的衣服什么都没带，和我们的曾祖父辈是同一个模样。"迈耶说，"几年前我雇了一个俄罗斯人在这店里工作，现在他自己在滨海人行道上开了馆子了。"

我连糖醋甘蓝菜卷都没法接纳，布赖顿海滨犹太人初尝俄罗斯式克尼士和鸡肉布尔兹时遭受了多大的文化震撼，是可想而知的。我在奶品店里又问了几个人：对于俄罗斯移民入侵有何感想？

"起初是有一点敌意啦。"一位顾客说，"可是，你知道吗，20年前这个地区快完蛋了。现在完全不一样了，你半夜1点钟走在布赖顿海滨大街上也觉得很安全。是俄罗斯人把布赖顿海滨的老命救回来的。"

迈耶·布兰德温介绍了几家好餐馆，午后到晚上我便逛着一一品尝，用另一种欣赏的眼光看街上的活泼景象。许多店铺在店门到高架火车道之间挂起一条条装饰。有人全家大小一起逛街，和友人驻足寒暄。还有许多俄罗斯小贩在卖录音带、CD、俄国录像带，当然也有在卖俄罗斯克尼士的。

如果问我从这次经历学到了什么俄罗斯饮食方面的知识，那就是俄罗斯文化使十数个不同的族裔各有其特色口味。同一个名称的食品可以有各自巧妙不同的调理。就算我不愿意承认，事实是，甘蓝菜卷的正确做法不止一种。

外婆的甘蓝菜卷：

1杯白米

1杯沸水

1茶匙盐

1大颗甘蓝菜

1个中等大小的洋葱

4汤匙油

1磅（约450克）碎牛肉（或碎牛肉与猪绞肉各半）

1颗鸡蛋

盐与胡椒适量

1 罐泡菜（约 10 盎司）

1 大罐西红柿汁

醋少许

将米、水、盐放入浅锅煮沸后再煮 1 分钟，盖上锅盖，关火，让水分被米吸收。

将甘蓝菜心切掉，整颗菜放入沸水中，关火，让甘蓝菜吸水变软。

洋葱用油煎软，将洋葱与油调和碎肉、米、鸡蛋，加适量盐。

取出甘蓝，将外层叶片轻轻剥下。如果里面的叶片仍硬，就放回热水中再浸。

将大片的甘蓝都剥下之后，切除剩余的中心梗，放进大锅的底部。

将每片软了的菜叶包满上述混合了洋葱、碎肉、米和鸡蛋的馅，轻轻卷好。将包好的甘蓝菜卷在锅内排好，每放一层甘蓝菜卷就铺一层泡菜在上面。将西红柿汁倒进锅内，倒至几乎看不见甘蓝菜卷。放少许醋。小火或 350 度煮 1.5—2 小时，煮至全熟。趁热食用。

前妻的甘蓝菜卷：

材料减去泡菜与醋。另加半杯红糖、1 杯葡萄干，西红柿汁内加少许柠檬汁。

比辣决战

原本是个很平常的晚上，我在瓦哈卡，要向一位名叫劳伦蒂诺·门德斯（Laurentino Mendez）的萨巴特克人说明我为什么跑到这儿来。因为辣椒专家琼·安德鲁斯认为卡纳里奥辣椒（Canario）可能是全北美洲最辣的辣椒，我是来做实地调查研究的。

劳伦蒂诺觉得我是个呆瓜。他是在瓦哈卡以南的山区出生的，看见一个美国白人自以为是辣椒专家，只会令他觉得可笑。第二天，我们在附近的一个印第安村落艾特拉（Etla）的市场里，劳伦蒂诺捡起一根满是野生小辣椒（chile pequínes）的枝子，对我说："这是瓦哈卡谷地最辣的辣椒。"

我疑惑地看他一眼。"这个吗？"我不服地说，"我在得州家里的后院就栽种过。"之后我们便发展到"你骗人""谁骗你"之争。

情况到了当天晚上已经是不可开交了。劳伦蒂诺把他在市场买的这种野生小辣椒盛在碗里，把碗放在我和他对坐的桌上。他默不出声就吃了一枚，向我挑战。我也跟着吃了一枚。然后他又吃了一枚。

我们进行了一场比辣的决战。我们一手捧着吃完辣椒剩下的梗子，另一手拈起小辣椒来吃，吃完就把梗子放到这边手上。我们各吃了 10 枚之后，我问他是否做好准备要试吃一些真正够辣的辣椒。

结果我们一下子就把卡纳里奥辣椒都解决了。我在想，琼·安德鲁斯也许是正好吃到一批特别辣的。我们吃的并不比先前的野生小辣椒辣多少，所以我们又试了真正够辣的。也许劳伦蒂诺在与我对峙之前认为那小辣椒是全瓦哈卡谷最辣的一种，但是我相信我已经让他改变想法了。当晚创下辣纪录的是一种长形的、瘦尖的、中小体形的辣椒，叫作"帕拉第托"（Paradito）。劳伦蒂诺和我各吃了一个，是连籽整个吃完的。

起初我们俩都表示这辣椒不是多么辣。两三分钟后，我们都改口了。那股辣越来越让人受不了，没多久，我们两人都坐不住了，不停地来回踱步。接下来的 30 分钟里，我们堕入各自的辣味地狱饱受煎熬。在强悍度较量上，劳伦蒂诺胜我一筹，因为我这外国来的胖子汗如雨下，他外表上看来不像我这么狼狈。

我因为头和脸都在出汗，头发全湿了。他和我都张着嘴伸着舌头，借喘气发散热辣感。我顿时明白玛雅语为什么用"赫尼培克"（xnipec，意指狗喘气）来形容辣味重的食物了。

劳伦蒂诺和我在吃过"帕拉第托"后握手言和。我虽然强悍气度不如他，却也使他对我刮目相看。"我从来没见过真正敢吃辣的美国佬。"他说。此话令我受宠若惊。这一次吃辣竞赛倒像是萨巴特克族的一种成年礼，为我打开一扇窥见新世界的门。

我这次来到墨西哥，是想多认识辣椒以及辣椒的文化基础。我只觉得这个探索食材的方式很有趣，没料到其中存有悲剧的一面。劳伦蒂诺开了一瓶他家自酿的龙舌兰酒，我们斟饮到深夜，他讲起自己的故事，也揭露了墨西哥的文化精神分裂症。

劳伦蒂诺给我看了一张照片，是他98岁的祖母在用古老的单棍犁耕种她的一小片玉米田。另外一些照片是乡间的土路，以及他的家族与世隔绝的小村子的动人美景。那便是他生长的地方，哥伦布、西班牙征服者、墨西哥近代历史对那儿的人未能造成太多冲击。西班牙语在那儿是外国语，村里的人只讲萨巴特克语。

劳伦蒂诺6岁那年，他父亲死于族人的仇杀。他母亲逃到洛杉矶，找到一份养家糊口的工作，劳伦蒂诺和兄弟姐妹都寄养在亲戚家。从山居乡间的生活来到首都墨西哥市，劳伦蒂诺突然遭遇大都市的梦魇，以及说西班牙语的青少年对 pinche indios（混蛋印第安人）的欺凌。他说他因而体会到当一个被歧视的"黑鬼"是什么滋味。

16岁那年，他逃离亲戚家到洛杉矶找到母亲。他在这儿学会英语——这是他的第二外语了，也接受了完整的教育。在墨西哥，教育资源很少浪费在无父母的印第安孩子身上。在美国，政府勉强做着让非法入境的外籍人士子女也能受教育的事，有人认为这样做是浪费纳税人的钱。我希望这些人能有机会认识劳伦蒂诺。

如今劳伦蒂诺拥有加州州立大学的学位，还有一个头脑清楚的人大概都不肯做的职业。他现任洛杉矶市中心最恶劣学区的初中老师，他的学生都是混帮派的西班牙裔少年。劳伦蒂诺说这些学生是"网迷"，因为他们习惯戴着发网。别的老师整日提心吊胆，唯恐发生帮派暴行，劳伦蒂诺却微笑以对。有过他那样的亲身经历，少年帮派恶斗简直不够看。他对学生中最厉害的狠角色说，我不怕"瘸子"（Crips）和"血"（Bloods）——洛杉矶恶斗最激烈的两大帮派，因为我是萨巴特克人，我们萨巴特克人是全美洲大陆资格最老的、人最多的、最狠的一个帮。

劳伦蒂诺也是厉害的厨艺高手。我们在瓦哈卡共处的几天里，他教给我一些萨巴特克人烹调馕馅辣椒和卤汁玉米烤面的方法，以及一些使用辣椒的窍门。他也教我从完全不同的观点来看墨西哥文化中的梅斯蒂索（mestizo，指西班牙裔与印第安族混血）迷思。按官方的文宣，梅斯蒂索文化乃是欧洲文化与印第安文化的混合体。如果从印第安人的观点看，根本没有"梅斯蒂索"文化，有的只是印第安人与西方人，两者没有中间地带。

劳伦蒂诺的看法，以及迪克·雷维斯（Dick J. Reavis）所著的《与蒙特祖马对话》（*Conversations with Montezuma*），都说明了墨西哥存在着文化冲突。理解墨西哥文化的这种个性分裂，乃是领会墨西哥文化奇特现象的第一步。这些议题是食谱书中找不到的。

"墨西哥的主要农作物从来都是玉米，这种作物在西班牙征服者到来时是欧洲人听都没听过的。"雷维斯的书中说，"欧洲的主要农作物却一直是小麦，这又是美洲人以前从未见过的植物。农业对于文化造成什么影响，用现代都市中的美洲人的眼睛是看不出来的，也是一个必须从头细细道来的课题。但由于玉米是墨西哥的主食，人类学家认为不能将墨西哥纳入西方文明。"

一些墨西哥精英阶级喜欢说，墨西哥是欧洲与原住民文化的梅斯蒂索混合体。我却相信雷维斯和劳伦蒂诺所说的：墨西哥文化其实根本不是西班牙式的。"西班牙曾被阿拉伯人征服而统治了400年。我们会说西班牙是阿拉伯国家吗？"雷维斯问道。欧洲化了的统治阶级虽然压制墨西哥本土文化，虽然有许多要将墨西哥现代化的举措，原住民的"玉米文化"仍旧盛行。不幸的是，人民大众的文化不是精英统治阶级的文化。

在墨西哥市最高档的餐馆里几乎完全不见辣椒。欧洲化的统治阶级都把辣椒视为印第安族群的粗陋原始文化的残余。

因此，我们对辣椒的认识都是非墨西哥籍的辣椒专家黛安娜·肯尼迪和马克·米勒教的。因此，辣椒专家往往都是美国人。也因此，我们有必要从烹调的人类学中认识墨西哥饮食。古代萨巴特克人、玛雅人，以及其他印第安族群的食谱大都未曾公开发表。这些才是真正的墨西哥饮食文化，这文化却在迅速消失当中。

赫尼培克辣味酱：

此乃全世界最辣的辣酱之一。

4颗哈瓦那椒，切丁，梗与籽除去

4只莱姆，榨汁

1个洋葱，切丁，用红洋葱或紫洋葱较佳

1颗西红柿，切丁

洋葱丁在莱姆汁中浸泡至少30分钟。加入其他材料拌好，加少许盐。加少许水亦可。

亡灵面包

弗朗西斯科·马克斯（Francisco Marquez）和我坐在农舍的餐桌旁，喝着巧克力热饮，吃着亡灵面包（pan de muerto）。这是"亡灵节"（Día de los Muertos，11 月 1 日）的上午。我们坐着闲谈，饭厅的露天门廊之外有 3 只小火鸡在天井光秃秃的土地上啄着。村中别处有几家的收音机在播放着，一群男孩子在河边高声叫喊。但是音量最大的是牛群的哞哞叫。"它们也想吃了。"弗朗西斯科忍不住笑着说。

他的妻子玛格丽塔（Magarita）带我参观了厨房。这是另搭的一间小棚屋，用一根根木条并排围成，所以泥土地板上的光影是条纹状的。"黑酱"（mole negro）是亡灵节的传统食品，此刻正在"卡组拉"（cazula，一种陶土锅）里，直接放在炭火上。地上有两只杀好的鸡，毛还未拔。"鸡肉配黑酱吃。"玛格丽塔说。最贫穷的人家只能把黑酱像喝汤一样舀着吃，能有鸡肉配算是奢侈的了。

屋内到处都有装着亡灵面包的袋子。我问他们家里买了多少个面包。玛格丽塔说，按习俗每户人家会在亡灵节的前一星期买好 10 公斤一袋的面粉，5 打鸡蛋，以及其他材料，一起送到面包房去，请面包师傅做成甜味的鸡蛋面包。多数家庭还会把纸板的装饰品也送过去。这些装饰是一个小椭圆形，上面画着人脸，亡灵面包做成后，每个面包代表一个亡灵。面包师傅会把同户人家定做的面包一次做好。10 公斤的面粉今年可做 130 个面包，其中包括做给"安琪丽多"（angelitos）的袖珍面包。

"安琪丽多现在都来了。"弗朗西斯科在带着我参观他家的供品时说。供品占据了客厅的一整面墙，供品台上有很小的杯子盛着巧克力，还有那些小面包。安琪丽多即夭折婴儿的亡灵，其中包括流产的与死胎的孩子。

"你们家里曾有很多孩子夭折吗？"我问。

"噢，不多。"他说，"这跟多不多没关系，有些婴儿亡灵是无家可归的，所以我们要为他们摆出吃的喝的。"

供品台是亡灵节活动的中心，一般都是安排成三层，由下到上，一层比一层小，好像一座金字塔。三层供品台都铺着桌布，台的上方有一个用甘蔗搭的拱门，装饰着一种叫作"森波阿霍奇托"（zempoalxochitl，纳瓦特尔语的意思是"亡灵之花"）的花朵，看来很像金盏花。

供品台的最上层通常会放置亡故亲友的照片，或是宗教崇拜的塑像。供品台的大部分其他空间都放满了各种节日的食品和饮料，亡灵面包、水果、巧克力是必备的。

"安琪丽多会在正午离开，之后我们就要摆上给成年亡灵的食物和饮品。"弗朗西斯科说。我没戴手表，他也没戴。我看了一下屋内，也没有钟。我不知道他怎能把时间抓得这么准。

屋里很热，所以我和弗朗西斯科走到外面，坐在面向天井的一处前廊上。一位老妇人拿了一捆柴走过，她把木柴先放在厨房外面，然后才走进去。"那是我母亲。"弗朗西斯科说。她的名字是文森塔（Vincenta），今年76岁了。从她鹰一般的鼻梁和高高的颧骨可以看出，她是纯正的萨巴特克人。

突然，教堂的钟声响了，村子里到处都放起烟火。从屋檐挂下来的一个悬在我们头顶之上的鸟笼里，一只鹦鹉尖声大叫。我不禁赞叹全村人的合作无间。在11月1日的圣洛伦佐卡卡欧特佩克村（San Lorenzo Cacaotepec），没有人会疑惑什么时候才是正午。

弗朗西斯科直视着我，面带平静的微笑说："安琪丽多现在都走了。"文森塔和玛格丽塔从厨房走出来，端着一碗暗色的黑酱，拿着一瓶龙舌兰酒、玻璃杯和一些亡灵面包，一起带进客厅去安置在供品桌上。弗朗西斯科和我跟过来旁观。

"我父亲85年前在这个农庄出生。"弗朗西斯科说。克里斯平·马克斯（Crispin Marquez）工作起来非常卖力，所以大家都叫他"艾尔马钦"（El Machin），也就是"机器"的意思。弗朗西斯科出生后，大家又叫他"艾尔马钦奇奥"（El Machin Chico），即"小机器"。

弗朗西斯科说，他没有父亲的照片，所以供品台上没摆出来。但是因为艾尔马钦生前爱喝龙舌兰酒，爱吃黑酱，每年家人都会准备这些东西。弗朗西斯科为父亲斟了一大杯酒放在台上。

随后弗朗西斯科又带我回到前廊，一定要我跟他喝一杯。我明白这不只是和艾尔马钦奇奥同饮，也是和艾尔马钦老前辈共饮，如果拒绝是很失礼的。我也知道，接受这样的邀饮我会喝醉，而且会很快就喝到醉。几杯下肚后，我向主人告辞，往村子中央走去。

农田和乡野是一片葱绿。相形之下，村子里的土路布满车辙，阴沟没有加盖，没有什么好看的。但是我愉快地在这儿度过了下半天。我参观了别家的供品台，送了面包也接受别人送的面包，与村里的人们，以及他们亡故的亲友，一同吃喝。

令我意外的是，村中的教堂里也设有亡灵节的供品台。我是在天主教家庭中长大的，我知道11月1日是万圣节。万圣节昔日叫作 Allhallows，万圣节前夕（Halloween，亦即 Allhallows Eve）的欢闹也是由此衍生。但是万圣节前夕绝对不是正式的基督教节庆。在我们的小区里，有些基本教义派的基督徒对此颇有微词，主张公立学校禁止万圣节前夕的种种装饰。但是在瓦哈卡地区，亡灵节可以算得上是一年中最重要的天主教节日。

普林斯顿大学的比较宗教学教授戴维·卡拉斯科（David Carrasco）在亡灵节这天正好也在瓦哈卡。我到他住的旅馆去拜望他，谈起我们在这一天中看见的供品台。卡拉斯科特别感兴趣的是，现代的供品台与古代中美洲文化中的祭典金字塔很像，两者都摆满水果和花朵。卡拉斯科撰文指出，天主教未传入以前墨西哥就有亡灵节，天主教却深谙入境随俗之道，把亡灵节纳为自己的节日。

我也和其他专攻宗教民俗的人士谈过亡灵节背后的观念意义，例如，阳世遭遇的好坏就看你能否善待亡灵，若不恰当地祭拜亡灵可能招致钱财与健康两失。我也听人说，有些村子的人整夜待在墓园里迎接亡灵，大家都怕孤魂野鬼因为无人祭拜愤而报复。

亡灵节的许多含义都可以溯源到尚未有历史记载的时代。然而，与艾尔马钦奇奥一家人共度亡灵节之后，我明白了这个节日的简单道理：这是生者与亡故亲友一同欢宴的时刻。

那天晚上我做了一个梦，梦见一张哭泣着的婴儿脸孔。我醒来之后便想起我的第一个孩子，也是我唯一的儿子，他是死于胎中的婴儿。当时我与前妻接受医院创痛辅导者的建议，给孩子取了我祖父的名字——安德鲁。我们举行了追思礼拜，起初几年都会在他生日那天点上蜡烛。两个女儿出生后，我几乎再没想起过他。

今年我却要来过一次亡灵节。我要在三层的供品台的最上层安置我父亲的一张黑白照片以及安德鲁的超声波照片。下面要为父亲摆上一杯威士忌和一个火腿色拉三明治，为安德鲁摆上一小杯巧克力热饮和一个甜面包。在11月1日这一天，我们要三代同桌共享这一餐。

普世的比萨真理

烤比萨师傅把长长的木头托子伸到比萨的下面，从炉中取出热腾腾的比萨。这位师傅的头顶之上挂着一个西班牙文的招牌，写着："艾尔瓜蒂多（El Cuartito），1934—1994，卓越比萨60周年，感谢您、您的父母亲、您的爷爷奶奶。"天花板上的几个电风扇慢速转动着，送风给坐在拥挤桌位上的我们。服务员从旁边走道绕过来送上比萨，我才注意到他走的磨石子地板已经剥落，露出了下面的水泥地。

"艾尔瓜蒂多特餐"的比萨用料有西红柿酱、火腿肉、意大利白干酪、新鲜西红柿片、红辣椒、绿橄榄，中央还有一个煎荷包蛋，是相当丰盛的一餐。即便用料这么多，饼皮仍是脆的。这儿的墙壁、地板、老旧的站立用餐柜台，都布满斑驳痕迹。这些不但能够为你吃这一顿比萨的经历增添风味，也在告诉你，比萨在阿根廷的布宜诺斯艾利斯是有悠久历史的。

如果按全球各都市路口开比萨店的密度排列，前三名除了那不勒斯、布鲁克林，应该还有布宜诺斯艾利斯。"港口人"（porteños，此乃布宜诺斯艾利斯市居民的别号）对于自己钟爱之美食的忠诚拥护，丝毫不逊于世上任何其他地方的比萨爱好者。他们口口声声说布宜诺斯艾利斯的比萨是世界之冠。我自己既是好吃比萨的人，就决定测试一下这种说法的真实性。

有人会觉得拉丁美洲国家重视比萨传统是件奇怪的事，其实不妨翻一翻布宜诺斯艾利斯市的电话簿看看，便会发现里面的意大利姓氏比西班牙姓氏多。意式浓缩咖啡吧、意式餐馆与比萨店无所不在，加上听来有意大利腔的西班牙语，布宜诺斯艾利斯市令人想到

"拉丁"（Latin）这个词早先是指"罗马人"的意思。

我与女友玛丽昂（Marion）在闹区大街"公共大道"（Avenida Corrientes）上找寻比萨店时，不难想象真正的罗马会是什么样子。在著名的"盖林比萨店"（Pizzería Guerrín）里，餐厅的某个桌位坐着一个长得和帕瓦罗蒂（Luciano Pavarotti）一模一样的男人，正在边吃比萨边喝啤酒。一位80多岁衣着雅致的娇小老太太，在亮晶晶的大理石柜台上用刀叉吃着一片比萨。出纳员正在用有金色店名的华丽紫色包装纸把一盒盒外卖的比萨包起来。我与女友分别点了有菠菜加白酱汁的蒜味比萨，味道像费城西红柿派的鳗鱼比萨，两人交换着吃。

沿着公共大道再往前走，是另一家著名的比萨店"不朽者小馆"（Café de los Inmortales），从店外巨大的卡洛斯·加德尔（Carlos Gardel）海报便可一眼就认出来。加德尔是20世纪初期布宜诺斯艾利斯最受欢迎的探戈舞者。我以前看过一张标注为"1910年代"的"不朽者小馆"的黑白照片，也一直想到这个具有历史意义的地方来吃上一顿。

"我要点加德尔以前吃过的。"服务员走到我们桌前时我这么说。

"加德尔没有在本店用过餐，"服务员说，"本店是1950年开始营业的。"

"可是老照片上……我以为这是加德尔常来的地方。"我用不通顺的西班牙语絮叨着。他又说，原来的"不朽者小馆"早就不在了，现在的这个店是后来才开的。我们翻着菜单，服务员渐渐不耐烦了。菜单有好多页：原味比萨、综合比萨、朝鲜蓟比萨、茄子比萨、富嘎萨（fugazza）、富嘎塞塔（fugazzetta），等等。我们赶紧点了罗克福尔乳酪富嘎塞塔、叶棕芽色拉、一瓶桑娇维赛（Sangiovese，意大利红葡萄品种）。富嘎萨是类似意大利圆饼

（focaccia）的饼皮，不同的是要加上意大利白干酪和洋葱。富嘎塞塔是硬脆饼皮铺上乳酪。

服务员走后，玛丽昂故意学我的口吻说："我要点加德尔以前吃过的。"我喝着酒生闷气。富嘎塞塔端上来的时候，我们俩都手足无措。我们都爱吃罗克福尔乳酪，但是这个太离谱了——烤溶了的乳酪大概有半英寸那么厚。

"这很棒，可是我只吃得下一小片。"我对玛丽昂说着。于是我们悠闲地喝着酒，写了几张明信片，看着"港口人"来来去去。由于罗克福尔乳酪搭配色拉和酒太好吃了，我又吃了第二片。等到酒喝完的时候，我们竟然把整个富嘎塞塔都吃光了。

我们在那一周又吃了六次比萨之后，我觉得可以作一番评定了。我在布宜诺斯艾利斯吃到最好吃的比萨，是在一个叫作"卡贝洛街的罗马里奥"（Romario on Calle Cabello）的巷口小馆。这儿的比萨是放在烧着猛烈柴火的砖灶里烤的。比萨饼皮抹了橄榄油，出炉时有油炸的香脆，柴火也使饼上的材料多了质朴的烟熏风味。

"罗马里奥"的饼皮虽然做得好，但是口感仍不如康涅狄格州纽黑文（New Haven）的"弗兰克佩佩的店"（Frank Pepe's）做出来的砖灶烤发面饼皮。我的这个结论却引起玛丽昂和我的例行性比萨大论战。她认为我是无可救药的自以为是，我若是在布宜诺斯艾利斯长大，会说"罗马里奥"的比萨才是全世界最好的。我若是在芝加哥长大，一定会说厚馅的水果饼是全世界最好的。只因为我从小生在康州，就莫名其妙地认定"弗兰克佩佩"的比萨最好。所以她认为，这样的评定是荒谬可笑的。

美食作家在世界各地评比食品，说什么这一家的巧克力是最好的，那一家的咖啡是最好的，也全是胡扯骗人。我被她说得心虚起来。也许她说得没错，也许拿自家的美国标准评比外国食品真的是丽方佬的沙文主义……可是，她自己从来没吃过"弗兰克佩佩"的比萨，怎能数落我的不是？

从布宜诺斯艾利斯回美国的途中，我们在乌拉圭的海滩胜地西湾头（Punta del Este）停留。在当地一家漂亮的意大利式小熟食店"美味大全"（Tutto Sapori）里，店老板佛朗哥·辛克格拉纳（Franco Cinquegrana）听出我们的美国口音，就过来自我介绍。他说得一口流利的美国腔英语。

我们闲谈了一下世界各地的意大利菜。佛朗哥也曾遍尝布宜诺斯艾利斯比萨、纽约比萨、那不勒斯比萨。"我一年要去意大利四五趟，我以前住在纽约。"他说，"我儿子还住在康涅狄格州。"听他说起我的故乡，我绽开笑颜，把握住这个机会："那你觉得什么地方的比萨是全世界最好的？"

"我跟你说实话，我在意大利也这么说，"他竖起食指不住点着，"比萨虽是那不勒斯的发明，可是全世界最棒的比萨是康州纽黑文的弗兰克佩佩店里做的。"玛丽昂无言以对，我则忍不住大笑。

我的罗塞尼亚之歌

我外婆从东欧移民到美国，历经两代，斯拉夫文化的遗产在我身上已经完全看不见了。我以前浑然不觉，直到自己做了爸爸才注意到这种情形。之后就感觉这是不对的，每逢节庆，这种感受更是特别深。妻子是犹太裔，她会教导孩子们认识犹太教的光明节和犹太文化。我却没有东西可教，除了圣诞节教她们唱人人都会的 *Jingle Bells*（《铃儿响叮当》）。这时候，一种想要固守自己部落文化的渴望油然而生。像我母亲这样在侨居地出生的第一代，往往会刻意抛弃上一辈的欧洲母国文化，只求融入美国的主流社会。如今我想要找回我丧失的文化遗产，我要传给孩子们一些自己族裔的文化意识——尤其是在圣诞节的时候。

我对以往圣诞节的模糊记忆中，有一个庆祝活动是要在外婆家举行的。我那时候只有 5 岁，过了 35 年我依稀记得，那一天地板上铺着干草，烛光闪耀，穿着奇装异服在门口唱圣诞歌曲的人，大餐桌上摆满蘑菇和甘蓝菜卷，还有难以忘怀的生大蒜味道。

我 6 岁时就跟父母迁离外婆的小区，很不幸的是，后来大家都不记得外婆家的圣诞夜大餐细节了。但是我已经兴起为孩子寻根的决心，就该锲而不舍才对。我到各个图书馆查找数据，我打电话请教了外婆信奉的拜占庭天主教在宾夕法尼亚州西部的教区神父。终于，我搭飞机到芝加哥去拜望瓦西里·马库斯（Vasyl Markus）博士，因为他说能为我讲解外婆故乡斯洛伐克的饮食、风俗，以及节日传统所包含的意义。

马库斯博士原任洛约拉大学（Loyola University）政治学教授，现在已经退休。我走进他办公室时他问我的第一句话就是："你确定自己是斯洛伐克人吗？"因为他确知我在电话中描述的圣诞夜祝宴不是斯洛伐克的传统。我则说，我的外婆的确是从斯洛伐克来的。

他告诉我，居住在斯洛伐克的并非人人都是斯洛伐克人。又问了我几个问题之后，马库斯博士作的结论是：我外婆的圣诞夜之宴、她的娘家姓氏（Bender）、她所属的拜占庭天主教会，都显示她其实与马库斯自己的族裔渊源相同，他们都是罗塞尼亚人（Ruthenian）。他还说，目前在斯洛伐克生活的罗塞尼亚人在 14 万上下。

罗塞尼亚人？我对罗塞尼亚毫无概念，但是我想他一定搞错了。我外婆难道还不清楚自己的籍贯吗？"哎，那时候的情势是非常复杂的，"马库斯博士说，"表明自己是罗塞尼亚人在那时候是一种政治挑衅的行为。"

现在大约有 100 万的罗塞尼亚人分布于波兰、斯洛伐克、乌克兰、罗马尼亚、匈牙利的喀尔巴阡山脉地区。（罗塞尼亚人也被称为 Rusyns、Carpatho-Rusyns 或 Rusnaks。）但是这个族群受到太多压制，所以许多人已经不确知罗塞尼亚人该如何定义。自从苏联解体，这个题目就引起激烈争辩。有人说罗塞尼亚人有自己的文字，也有人说罗塞尼亚语其实是乌克兰的一种方言。有些罗塞尼亚人认为自己是自成一格的民族，也有些罗塞尼亚人会说自己是乌克兰人，是波兰人，是斯洛伐克人。

族裔特性是由哪些条件构成的？这是难答的问题。我外婆那一辈的罗塞尼亚移民，有很多人也答不上来。因为近代史上从来没有罗塞尼亚这么一个国家，那一辈的移民到了美国后只好把自己的身份报为乌克兰人、斯洛伐克人、匈牙利人。我外婆是在第一次世界大战爆发之前移民美国的，她生长的地方那时候是在奥匈帝国统治之下。捷克于战后建国，新划的疆界把她的故乡也包括进去。（1945 年，这个地区又变成乌克兰的领土。）她以前常说她是捷克斯洛伐克人。可是她离乡的时候还没有捷克这个国家，所以那种说法不能算数。马库斯博士建议："假如你想确定自己祖上的籍贯，应该先确定你外婆的故乡是在哪一个村子。"

我走出乌克兰文化中心（Ukrainian Culture Center）后找到的第一个路边公用电话亭的地点非常嘈杂，81 岁的外婆已经有些重听，根本听不出来是我在打电话。好不容易找到一个比较安静的电话亭再打一次，外婆听得出是我，却不明白我为什么要从芝加哥市中心打电话问她诞生在哪个村子。我从旁边走过的人们脸上的表情可以断定，在公用电话上扯大了嗓门和那一头重听的外婆问答东欧地理知识，应该是不错的单口相声题材。外婆的记忆力大不如前，有关乌克兰和罗塞尼亚的话题她都是一问三不知，好在她仍记得童年生活的那个村子叫作雅库比亚尼（Jakubiany）。

我回来向马库斯报告了。"雅库比亚尼，雅库比亚尼，"他沉思着念道，"那是在我故乡地区的一个村子，村里好像有一座很好的教堂……"他搬过椅子站上去，在档案柜最上层的一堆地图里翻，找到一张斯洛伐克地图，下了椅子拿给我看。地图上有他用笔勾画出来的喀尔巴阡山脉的罗塞尼亚地区。

"你看，这里，雅库比亚尼是一个罗塞尼亚人的村子！"我看着他指的罗塞尼亚区域里的那一个小点，一时说不出话来。罗塞尼亚人？我活这么大岁数，今天第一次听到罗塞尼亚人。而现在，照这位亲切的博士所说，我就是罗塞尼亚人。我本来只是想找一些家乡味的食谱，不料竟找到一个新的籍贯。

"斯维亚塔·维却里亚（Svjata Vecerja），也就是你打听的这个圣诞夜庆宴，在美国已经成为一种社会现象了。"马库斯带我前往文化中心餐厅去用午餐的途中边走边说，"现在是当年移民的孙辈和曾孙辈最重视古老的圣诞节传统了。信仰共产主义的那几十年里，移民者的故乡等于废除了圣诞节庆。现在美国人纷纷回老家去帮助罗塞尼亚人和乌克兰人重建自己的固有习俗。这间餐厅里的人——像你这样的人，才是延续传统生命的人。"

文化中心巨大餐厅里的景象让我看傻了眼，厅里的人个个看来都可能是我母亲的亲戚。虽然还只是 10 月，我们要坐的那个桌位已经摆好华丽的圣诞夜饰物，这也令我十分感动。

餐厅中央布置着一整条面包，中间点着蜡烛。花瓶里插着一束仪式性的小麦。我原来是想趁此品尝一些节日菜肴，乌克兰文化中心的女士们却已经预备好整桌的圣诞夜宴席。

"这一束小麦象征你的祖先,你的'迪杜赫'(didukh)。"奥丽西亚·哈拉索斯基(Orysia Harasowsky)对我说。她是参加烹调宴席的女士之一,她接过我的盘子时告诉我,这一餐共有12道"素菜",每一道都表现自然界的一面。

"有水里来的鱼。我们做鱼饼冻是做整条塞馅的,不是做小小的鱼肉丸子。"她说。另外有从菜园来的东西,如甘蓝菜卷。她一面解说着,我的盘子里装的东西也越来越多。"一定要有田里来的东西:小麦面包和面团。从森林里来的是蘑菇酱,"奥丽西亚说,"这得用野生的,不能用菜市场里那种小小的白洋菇!"她说得很严肃。"果园里来的是苹果干和李子干做的糖渍什锦水果,从天空来的是蜂蜜。"

"天空来的是蜂蜜?"

"就是从蜜蜂来的啦。"奥丽西亚说着用手指作扑拍状。

马库斯博士说,祭祝干草和小麦是很古老的时候就有的习俗,早在基督教尚未传入斯拉夫世界之前,这种节庆就已经存在了。其起源是一种农业社会的节日,主要为了庆祝冬至以后阳光重返大地,白昼渐渐变长。到了公元10世纪,这个节日才并入了圣诞节。

我问他们,圣诞夜餐宴是否像我外婆一样要吃生的大蒜。一位女士说不吃,但是要把生大蒜放在桌布下面。马库斯解释说,罗塞尼亚和乌克兰地区的圣诞夜仪式是各个村子都不尽相同的。"在我们那一带,有用链子绕住餐桌脚的风俗,意思是让全家人团圆在一起。"他还说,有些地区的菜式会与别区不同,有些菜式的象征意义也不同。我能知道这些节庆精神已经喜出望外,无暇再追究细节了。况且,这一餐的菜色太美味了。

奥丽西亚得意地递过来一碗她做的罗宋汤。这牛肉汤里的蔬菜丁又大又多,一股浓烈的酸味直渗到喉咙里。因为马库斯博士为我找到一本食谱书，里面包括我在找的所有菜式的做法，另外还有节日仪式的逐步说明，所以我省了做笔记的工夫，大快朵颐甘蓝菜卷。

我吃了两枚甘蓝菜卷，又吃了四五枚饱满的马铃薯馅小面饼，这小面饼很像半月形的意大利饺（ravioli），全都浸在浓浓的野菇酱里。我正努力用厚厚的野菇把盘里的酱汁抹吃干净了，奥丽西亚又端来一整盘的甘蓝菜卷。

"这些比较热。"她说。

我想克制自己不要贪得无厌，可是这是我童年时最爱吃的东西，常常是想吃也吃不到的。小麦、甘蓝菜、马铃薯是这一餐的主要食材，酸味是每一个人都爱的味道。醋、酸泡菜、发酵的甜菜汁（家乡话叫 kvas）是传统的调味料，而且是浓缩调制的，没吃过的人乍尝恐怕会有撇嘴挤眼的反应。

劝我加餐饭的诸位头发花白的女士们，看来好像当年我外婆的模样，她们似乎也和外婆一样乐于看着我痛快地吃。我被她们喂得差不多饱了，有 6 个人走到我们桌前围成一圈，突然唱起一首动人的乌克兰歌———一首传统的圣诞颂歌。

我看着这些人的脸，想着的是我 5 岁时那个下雪的圣诞夜，在外婆家门口的那一群歌者。我从听不懂却又熟悉的外语歌词中，听出我曾外祖母说话的口音。罂粟籽、甘蓝菜、蘑菇、刚烤好的面包的气味从我面前的桌上飘送着，失去已久的圣诞节记忆也源源不断地涌回来。我终于不能自已，一面听着我的圣诞颂歌，一面抹着眼泪。

如今我和女儿们过圣诞节时会遵循古老的罗塞尼亚规矩。女儿们并不多么喜欢酸的口味。但是我敢打赌，等到我做外公的那一天，她们一定会向我讨教这些酸味菜的做法。

外婆的罗塞尼亚蘑菇汤：

2/3 杯干的野生蘑菇

1 杯白洋菇，切碎

1 个小洋葱，切碎

3 汤匙油

1/4 杯胡萝卜丁

1/4 杯芹菜丁

1 汤匙大麦

半杯熟菜豆

1.5 汤匙面粉

半茶匙干的百里香

半茶匙大蒜粉

半茶匙白胡椒

盐少许

半杯或适量的醋

野生蘑菇洗净，用 5 杯热水泡 30 分钟。捞出野菇，切粗丁，放回水中。用 2 汤匙油小火煎洋葱与洋菇，至变黄。

将洋葱、洋菇、胡萝卜、芹菜、大麦放入野菇汤中，煮至变软。放入豆子。用一汤匙油将面粉炒黄，加入调味料。舀 1 大勺野菇汤到面粉中，搅拌成糊状，再将稀糊放入汤里。按口味加入盐与醋（罗塞尼亚人可以多多加醋）。小火炖 15 分钟。趁热上桌。

4 人份。

致 谢

感谢吾友蒂姆·卡曼（Tim Carman）与莉萨·格雷（Lisa Gray）帮忙促成此书。感谢安娜·奥森福特（Anna Ossenfort）把它整理清楚。感谢戴维·麦考米克（David McCormick）与尼娜·柯林斯（Nina Collins）把它卖出去。感谢唐·瑟弗里恩（Dawn Seferian）买它。

感谢《休斯敦周报》的义无反顾。感谢我的两位编辑劳伦·克恩（Lauren Kern）与玛格丽特·唐宁（Margaret Downing）。感谢《新时代》（*New Times*）编辑克里斯廷·布伦南（Christine Brennan）与迈克·莱西（Mike Lacey）的大力支持。

感谢《美国风》助我到处旅游。感谢达纳·约瑟夫（Dana Joseph）、吉尔·贝克尔（Jill Becker）、约翰·奥斯蒂克（John Ostdick）、伊莱恩·斯尔恩卡（Elaine Srnka）诸位编辑不吝帮忙。感谢《自然史》帮我开的"象牙塔观点"专栏。还要感谢我在那里的编辑理查德·米尔纳（Richard Milner）与布鲁斯·施图茨（Bruce Stutz）。

感谢《奥斯汀纪事报》的路易斯·布莱克（Louis Black）的驱

策。感谢吉姆·沙欣（Jim Shahin）的教诲——即便我并未洗耳恭听。感谢马里恩·维尼克（Marion Winik）的好为人师。感谢罗伯特·布赖斯（Robert Bryce）的啤酒、同情及提携。感谢帕布罗·约翰逊（Pableaux Johnson）的指点迷津。

感谢凯利·克拉斯迈耶（Kelly Klaasmeyer）的安慰鼓励。感谢吾家兄弟们（Scott, David, Gordon, Ricky, Mike）适时的称许与痛批。感谢家母为我祈祷。感谢宝贝女儿凯蒂（Katie）与朱莉娅（Julia）与我居陋室而不改其乐。

新知
文库